“十四五”时期水利类专业重点建设教材（职业教育）配套教材

水利工程测量实训指导书（活页式）

主　编　姜连超　焦立国　赵殿坤
副主编　宋振宇　李南星　王　洋

中国水利水电出版社
www.waterpub.com.cn
·北京·

内 容 提 要

本书根据中等职业学校水利水电工程施工专业能力培养的教学要求，按照中等职业人才培养要求及教学特点编写。全书共分基础实训和综合实训两大部分，基础实训部分共十三个实训任务，包括普通水准测量、自动安平水准仪的检验和校正、测回法测水平角、方向观测法测水平角、经纬仪的检验和校正、钢尺量距和直线定向、视距测量、全站仪的认识和使用、四等水准测量、GPS接收机的认识和使用、全站仪导线测量、全站仪的坐标测定和测设、地形图测绘实训内容；综合实训部分五个实训任务，包括渠道测量、偏角法测设渠道圆曲线、坐标法测设渠道圆曲线、点的高程测设和坡度放样实训内容。本书配合“十四五”时期水利类专业重点建设教材《水利工程测量》一同使用。

本书可供中等职业学校水利水电工程施工、水利水电工程技术、农业水利工程技术、给排水工程施工与运行等专业教学使用，也可供从事上述专业的技术人员参考。

图书在版编目（CIP）数据

水利工程测量实训指导书：活页式 / 姜连超，焦立国，赵殿坤主编. -- 北京：中国水利水电出版社，2024.3

ISBN 978-7-5226-2281-1

Ⅰ. ①水… Ⅱ. ①姜… ②焦… ③赵… Ⅲ. ①水利工程测量－高等职业教育－教学参考资料 Ⅳ. ①TV221

中国国家版本馆CIP数据核字(2024)第023190号

书　　名	水利工程测量实训指导书（活页式） SHUILI GONGCHENG CELIANG SHIXUN ZHIDAOSHU (HUOYESHI)
作　　者	主　编　姜连超　焦立国　赵殿坤 副主编　宋振宇　李南星　王　洋
出版发行	中国水利水电出版社 （北京市海淀区玉渊潭南路1号D座　100038） 网址：www.waterpub.com.cn E-mail：sales@mwr.gov.cn 电话：(010) 68545888（营销中心）
经　　售	北京科水图书销售有限公司 电话：(010) 68545874、63202643 全国各地新华书店和相关出版物销售网点
排　　版	中国水利水电出版社微机排版中心
印　　刷	北京市密东印刷有限公司
规　　格	184mm×260mm　16开本　7.25印张　172千字
版　　次	2024年3月第1版　2024年3月第1次印刷
印　　数	0001—1500册
定　　价	**29.00元**

前言

本书是根据《教育部办公厅关于制订中等职业学校专业教学标准的有关意见》（教职成厅〔2012〕5号）等文件精神，以及中国水利教育协会职业技术教育分会中等职业教育教学研究会制定的水利水电工程施工专业的教学标准的具体要求组织编写的。

本书遵循中等职业学校学生认知规律和教学特点，配合《水利工程测量》教材编写而成，在简单阐述实训任务所涉及的基本理论的基础上，主要突出基本技能训练以及综合实际应用，重点进行工程测量的高程、角度、距离三项基本测量，导线控制测量，地形图测绘，水工建筑物施工放样，卫星导航定位技术及其在工程中的应用等相关技能的训练。

为突出中等职业教学特点，强化学生独立思考及解决问题的能力，结合工程实例阐述了工程测量的基本技能，使学生在做大量专项实训技能训练的基础上，对工程测量在工程施工中的应用有充分的认识，能较好地掌握技能知识并应用于工程施工测量中。

本书编写人员主要有黑龙江省水利学校姜连超、赵殿坤、宋振宇、李南星、王洋。

由于编者水平有限，加之时间仓促，书中难免存在缺点和错误，敬请读者批评指正。

编者

2023年11月

目录

水利工程测量实训的基本要求

水利工程测量是一门实践性很强的课程，在整个水利工程测量的教学过程中，实训是必不可少的教学环节。

实训课的目的有两个方面。一方面是巩固和加深学生所学的水利工程测量的基本理论和基本操作方法。通过实训，进一步认识测量的基本原理、测量仪器的基本构造和性能，掌握测量仪器的使用方法，同时通过学生亲自操作、记录和计算，提高他们分析问题和解决问题的能力。另一方面，培养学生的实际动手能力，养成学生认真负责的工作态度和严谨求实的工作作风。

一、基本要求

(1) 实训前应认真阅读实训指导书，做好预习，明确实训目的和要求、方法和步骤、记录与计算规则，以保证按时并保质保量地完成实训任务。

(2) 严格遵守作息时间，不得迟到或无故缺课，同组学生不得以任何借口代替缺课者完成本次实训。实训因故缺课者，应另找时间补做，并由实训室教师签字方能认可。

(3) 上实训课时，学生应认真听取指导教师对本次实训方法和具体要求的讲解和布置，再以实训小组为单位到实训室填写仪器领用单，领用时应检查仪器、工具是否完好。在实训时，学生应像爱护自己的眼睛一样爱护仪器和工具。

(4) 每个小组应按照要求有计划地完成实训内容，每个学生应轮流完成各个实训环节。同学之间要相互配合，相互学习，遇到困难或发现问题要及时解决，不要相互埋怨。

(5) 实训时爱护校园内的各种设施和花草树木。

(6) 实训结束时，应当场提交实训成果，经指导教师审阅同意后，才能归还仪器。如果成果不合格，应及时重测。

(7) 归还仪器前，应清点各项用具。若遗失或损坏仪器或工具，应按规定赔偿。

二、使用测量仪器的注意事项

(1) 测量仪器是贵重的精密仪器，实训时应精心使用，小心爱护。

(2) 领取仪器时应检查箱盖是否锁好，提带或背带是否牢固。

(3) 三脚架是仪器的支架，应安置平稳。松开三脚架到所需高度后应旋紧三脚架螺旋，张开三脚架到一定开度后放置于地面，并踩紧脚架。

(4) 安置好三脚架后，再开箱取出仪器。

（5）打开仪器箱盖前，应将仪器箱平放在安全的地方再打开。打开仪器后应仔细看清仪器在箱内的安放位置，以便使用完毕后按原位放回。

（6）用双手握住仪器基座或望远镜的支架，然后取出箱外，当即安放在三脚架上，随后旋紧连接螺丝。

（7）仪器取出后，必须立即将仪器箱盖好，以防灰尘进入或零件丢失。仪器箱应放在仪器附近，且不得将仪器箱当凳子坐。

（8）使用仪器时应手轻力小，不得使用蛮劲。不能在没有松动制动螺旋的情况下强制转动仪器。

（9）操作时，手或脚不要压三脚架或仪器的非操作部分，以免影响精度。

（10）不得用手或粗布擦拭镜头，不可拆卸仪器。如有故障应立即报告指导教师。

（11）仪器必须有人看护，不得在仪器旁嬉戏打闹。烈日下必须打伞，以免晒坏仪器或降低测量精度。

（12）搬动仪器时应小心谨慎。如果距离较短，可直接搬运：需微松各制动螺丝，但仪器与脚架的连接螺丝应旋紧，仪器最好直立抱持或夹三脚架于腋下，左手托仪器向上倾斜。绝对禁止横扛仪器于肩上。如果长距离搬运，应将仪器装入箱内。

（13）必须爱护其他工具。如钢尺、花杆不得随意抛掷，使用钢尺时不得让车辆压过；拉紧钢卷尺前应检查其是否扭曲；移动钢卷尺时不得直接在地面上拖拉；钢卷尺使用完毕后应擦拭干净；不得用水准尺、花杆抬东西等。

（14）实训完毕后应按原样将仪器装入仪器箱。放入箱内的仪器各制动螺丝应适度旋紧，以免晃动。

三、实训记录的注意事项

实训记录是实训成果的重要组成部分（在实际工程测量中记录是一项重要的原始资料），务必遵守以下几点。

（1）记录时用较硬的铅笔（如 2B 铅笔），观测数据应直接记入指定的表格，记录者将记入的数据立刻向观测者复述一遍，以免读错、听错或记错。

（2）记录一律用正楷书写，不得潦草。字体大小以只占格子的下半部分为准，便于留出空隙改正错误。记错时应用铅笔划去，并在其上方填写正确的数据。记录数据不得转抄、涂写或用橡皮擦掉，禁止伪造数据。已改过的数据又发现错误不能再改，需将该部分观测成果废除并重测。但对计算数据可以不作此要求。

（3）记录数据应准确表示观测精度，如在四等水准中要估读到毫米。计算过程中的小数一般取到小数点后三位。数据取舍遵循“四舍六入，奇进偶舍”的原则。

（4）表格各项内容应填写完整，并有小组全体成员签名，作为实训课评定成绩的重要依据。

（5）严格要求自己，培养正确的作业习惯，所有观测记录应遵守规定要求，否则将根据具体情况部分或全部重测。

实训一

普通水准测量

一、知识链接

水准测量是测定地面点高程的主要方法之一。水准测量是使用水准仪和水准尺，根据水平视线测定两点之间的高差，从而由已知点的高程推求未知点的高程。如图 1-1 所示，若已知 A 点的高程 H_A，求未知点 B 的高程 H_B。首先测出 A 点与 B 点之间的高差 h_{AB}，于是 B 点的高程 H_B 为

$$H_B = H_A + h_{AB}$$

由此计算出 B 点的高程。

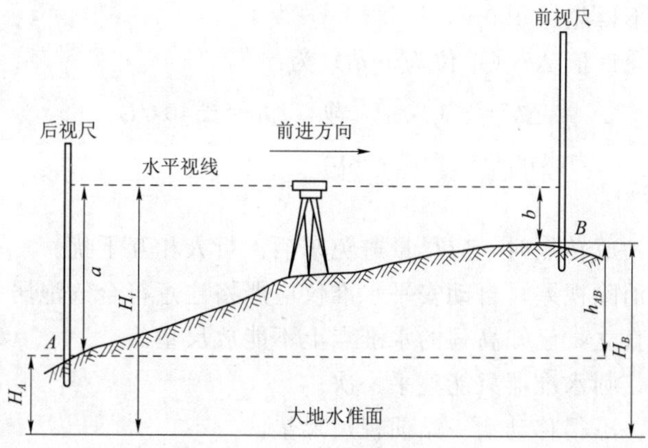

图 1-1　水准测量原理

测出高差 h_{AB} 的原理如下：在 A、B 两点上各竖立一根水准尺，并在 A、B 两点之间安置一架水准仪，根据水准仪提供的水平视线在水准尺上读数。设水准测量的前进方向是由 A 点向 B 点，则规定 A 点为后视点，其水准尺读数为 a，称为后视读数；B 点为前视点，其水准尺读数为 b，称为前视读数。则 A、B 两点间的高差为

$$h_{AB} = a - b$$

$$H_B = H_A + (a - b)$$

高差 h_{AB} 本身可正可负，当 a 大于 b 时，h_{AB} 值为正，这种情况是 B 点高于 A 点；当 a 小于 b 时，h_{AB} 值为负，即 B 点低于 A 点。

为了避免计算高差时发生正、负号的错误，在书写高差 h_{AB} 时必须注意 h 下标的写

法。例如，h_{AB} 是表示由 A 点至 B 点的高差；而 h_{BA} 表示由 B 点至 A 点的高差，即

$$h_{AB}=-h_{BA}$$

从图 1-1 中还可以看出，B 点的高程也可以利用水准仪的视线高程 H_i（也称为仪器高程）来计算：

$$H_i=H_A+a$$

$$H_B=H_A+(a-b)=H_i-b$$

二、实训目的

了解自动安平水准仪的构造，各部分名称及功能；掌握普通水准测量的观测、记录、计算和校核方法。

三、实训内容

根据场地情况按照普通水准测量方法进行闭合水准路线或附合水准路线测量。

四、实训计划

实训学时为 2 学时，4 人一组，轮流分工为：1 人操作仪器，1 人记录计算，2 人立水准尺。

五、实训仪器

每小组自动安平水准仪 1 台，水准尺 2 把，尺垫 2 个。

六、技术要求

（1）视线长度不得超过 100m。

（2）闭合差的允许值 Δh（单位为 mm）为

$$\Delta h=\pm 10\sqrt{n} \quad 或 \quad \Delta h=\pm 40\sqrt{L}$$

式中：n 为测站数；L 为水准路线长度，km。

七、注意事项

（1）在选择测站或转点时，应尽量避免车辆、行人相互干扰。

（2）读数前应消除视差，自动安平水准仪应严格注意符合气泡居中。

（3）水准尺应直立，已知高程的水准点上不能放尺垫。

（4）同一测站，圆水准器只能整平一次。

（5）在迁站时，不得移动上一站前视尺尺垫。

八、成果提交

每组需提交普通水准测量记录表及内业计算表。

九、思考题

在传递高程时，转点的位置可以移动吗？为什么？

普通水准测量记录表

日期： 天气： 仪器：

组长： 组员：

测站编号	点号	读数		高差/m	高程/m	备注
		后视/m	前视/m			
Σ						
计算校核：$\Sigma_{后}-\Sigma_{前}=$			$\Sigma h=$			
误差计算			$f_h=$	$f_{h允}=\pm10\sqrt{n}$ mm= 或 $\Delta f_{h允}=\pm40\sqrt{L}$ mm=		

普通水准测量内业计算表

日期： 天气： 仪器：

组长： 组员：

点号	路线长度/km /测站数（n）	实测高差/m	改正数/mm	改正后高差/m	高程/m	备注
Σ						
辅助计算：辅助计算：$f_h=$____mm　$f_{h允}=$____mm　$v_{1km}=-\frac{f_h}{L}=$____/km						

实训二

自动安平水准仪的检验和校正

一、知识链接

根据水准测量的基本原理，要求水准仪具有一条水平视线，这个要求是实施水准测量的基础。此外还要创造一些条件使仪器便于操作。例如增设了一个圆水准器，利用它使水准仪初步安平。在正式作业之前必须对水准仪加以检验，查看是否满足所设想的要求。对某些不符合要求的地方，应对仪器加以校正，使之符合要求。

1. 水准仪（图 2-1）应满足的条件

（1）水准仪应满足的主要条件。水准仪应满足的主要条件有两个：一是水准管的水准轴应与望远镜的视准轴平行；二是望远镜的视准轴不因调焦而变动位置。

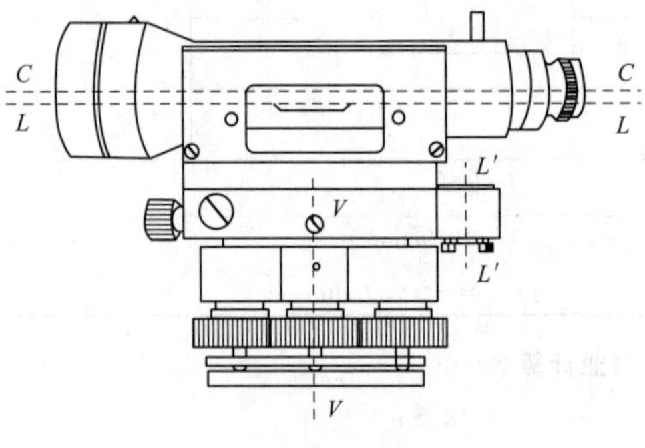

图 2-1　水准仪的主要轴线

第一个主要条件的要求如果不满足，那么水准测量的水准管气泡居中后，即水准轴已经水平而视准轴却未水平，不符合水准测量基本原理的要求。

第二个主要条件是为满足第一个条件而提出的。如果望远镜在调焦时视准轴位置发生变动，就不能设想在不同位置的许多条视线都能够与一条固定不变的水准轴平行。望远镜的调焦在水准测量中是绝不可避免的，因此必须提出此项要求。

（2）水准仪应满足的次要条件。水准仪应满足的次要条件也有两个：一是圆水准器的水准轴应与水准仪的旋转轴平行；二是十字丝的横丝应当垂直于仪器的旋转轴。

第一个次要条件的目的在于能迅速地整置好仪器，提高作业速度。

第二个次要条件的目的是当仪器旋转轴已经竖直，在水准尺上的读数可以不必严格用十字丝的交点而可用交点附近的横丝。

2. 水准仪的检验与校正

（1）圆水准器的水准轴与仪器的旋转轴平行的检验和校正。先用脚螺旋将圆水准器气泡居中，然后将仪器旋转 180°，若气泡仍在居中位置，则表明此项条件已得到满足；若气泡有了偏移，则表明条件没有满足。根据上述检验原理可知，气泡偏移的长度代表了仪器旋转轴和水准轴的交角的两倍。

如果在检验时发现仪器旋转轴与水准轴不平行，则应进行校正。校正工作可用装在圆水准器下面的校正螺钉来实现。校正螺钉一般有三个，如图 2-2。操作时，按整平圆水准器那样的方法，分别调动三个校正螺钉使气泡向居中位置移动偏离长度的一半。如果操作完全准确，经过校正之后，水准轴 l' 将与仪器旋转轴 V 平行，如图 2-3（a）所示。如果此时用脚螺旋将仪器整平，则仪器旋转轴 V 处于竖直状态，如图 2-3（b）所示。实际上由于各种原因，例如转动校正螺钉时振动了仪器、气泡的移动长度不准确等，校正工作要反复进行多次。而且每次校正工作都必须首先整平圆水准器，然后旋转仪器 180°，观察气泡的位置，确定是否需要再进行校正，直到将仪器整平后旋转仪器至任何位置，气泡都始终居中，校正工作才算结束。

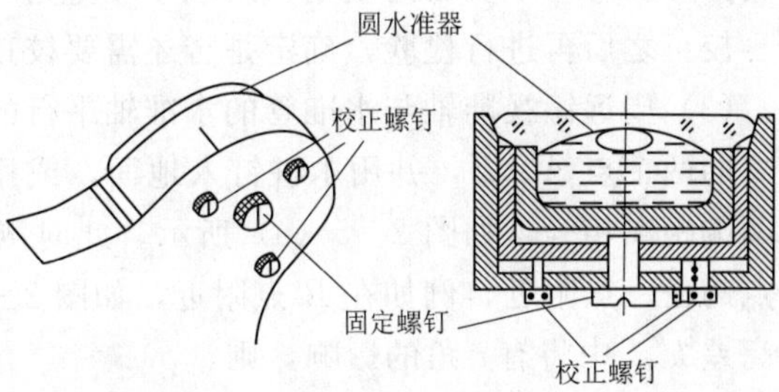

图 2-2　圆水准器校正螺钉

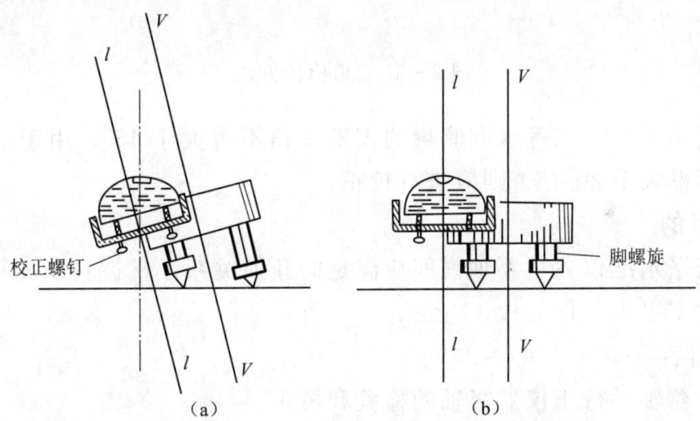

图 2-3　圆水准器的校正

（2）十字丝横丝与仪器旋转轴垂直的检验和校正。先用十字丝横丝的一端瞄准一个点，如图 2-4（a）中的 A 点，然后用微动螺旋缓慢的转动望远镜，观察 A 点在视场中的移动轨迹。如果 A 点始终能在横丝上移动，则说明十字丝的横丝已与仪器旋转轴垂直；如果 A 点离开了横丝，如图 2-4（b）中的虚线所示，则说明横丝没有与仪器旋转轴垂直，而是这条虚线的位置与仪器旋转轴垂直。

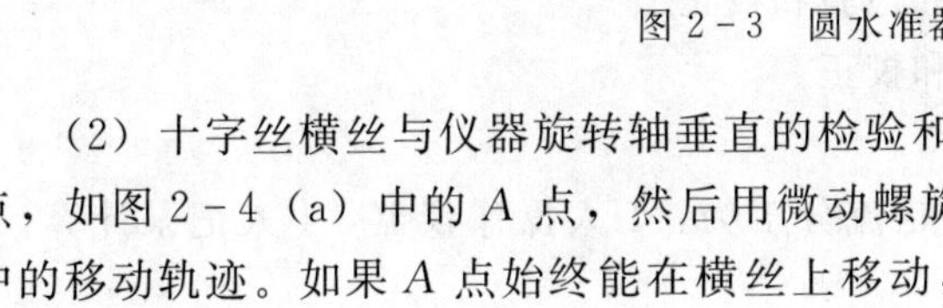

图 2-4　校正工作

如果经过检验，条件不满足，则应进行校正。校正工作用固定十字丝环的校正螺钉进行。放松校正螺钉使整个十字丝环转动，让横丝与图 2-4（b）中所示的虚线重合或平行。由于这条虚线是 A 点在视场中移动的轨迹，并没有一个实在的线划，所以十字丝环的方向是转向 A 点，转动角度凭估计进行。校正之后再进行检验，确定是否还需要校正，直到满足条件为止。

（3）望远镜视准轴与水准管的水准轴平行的检验和校正。在较平坦的地方选定适当距离的两个点 A、B，并用木桩钉入地面，或用尺垫代替。置水准仪于 A、B 的中间，使两端距离相等，如图 2-5（a）所示。此时测量正确的高差 h_{AB}，然后将水准仪置于两点的任一点附近，例如在 B 点附近，如图 2-5（b）所示。这时因距离不等，在测得的高差 h''_{AB} 中将有 i 角的影响，则

$$i=\frac{h''_{AB}-h_{AB}}{S_A-S_B}\rho$$

式中：S_A 为 AB 两点间的距离；S_B 为仪器调整后与 B 点间的距离；ρ 为常数即 206265″。

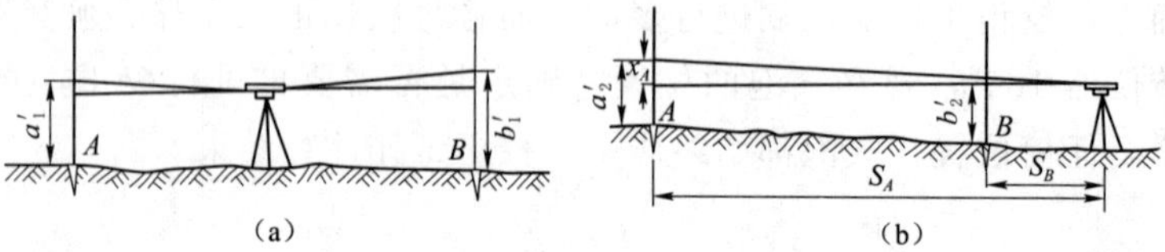

图 2-5　i 角检校方法

规范规定，用于一、二等水准测量的仪器 i 角不得大于 15″，用于三、四等水准测量的仪器 i 角不得大于 20″，否则应进行校正。

二、实训目的

了解自动安平水准仪各主要轴线间应满足的几何关系，掌握自动安平水准仪的检验方法，了解自动安平水准仪的校正方法。

三、实训内容

（1）圆水准器轴平行于仪器竖轴的检验和校正。

（2）望远镜十字丝横丝垂直于竖轴的检验和校正。

（3）水准管轴垂直于视准轴的检验和校正。

四、实训计划

实训学时为 2 学时，2～4 人一组，轮流分工为：1 人操作仪器，1 人记录计算，2 人立尺。

五、实训仪器

每小组自动安平水准仪 1 台，水准尺 2 把，尺垫 2 个。

六、技术要求

（1）各项要求经检验如果满足要求，则不需要校正，但必须清楚校正时如何操作。

（2）如果发现不满足要求，则必须在老师的指导下进行校正，校正时用力要轻，以免损坏仪器。

（3）水准管轴平行于视准轴的允许残余误差为 3mm。

七、注意事项

（1）检验和校正按照顺序进行，不能任意颠倒。

(2) 在选择测站时，可用步测法或目估法将仪器安置在两尺等距处。

(3) 测量正确高差后，可以将仪器安置在任意一尺的附近，距离水准尺约 3m。

八、成果提交

每人提交一份自动安平水准仪的检验和校正记录表。

九、思考题

(1) 为什么要进行水准仪的检验?

(2) 为什么在第二次测量时要将仪器安置在距一水准尺 3m 左右处?

(3) 在 i 角检验时如何求得正确高差?

(4) 水准仪还有其他需要检验和校正的项目吗?

自动安平水准仪的检验和校正记录表

日期：　　　　天气：　　　　仪器：

组长：　　　　组员：

1. 圆水准器轴垂直于仪器竖轴的检验和校正

	望远镜旋转180°后气泡偏离情况
检验时	
校正后	

2. 望远镜十字丝横丝垂直于竖轴的检验和校正

	十字丝偏离情况描述
检验时	
校正后	

3. 水准管轴垂直于视准轴的检验和校正

<table>
<tr><td colspan="2">仪器安置位置</td><td>A尺读数/m</td><td>B尺读数/m</td><td>高差/m</td><td>平均高差/m</td><td>远尺应对准的正确读数/m</td></tr>
<tr><td rowspan="2">在两尺等距处</td><td>第一次</td><td></td><td></td><td></td><td rowspan="2"></td><td rowspan="2"></td></tr>
<tr><td>第二次</td><td></td><td></td><td></td></tr>
<tr><td colspan="2">在（　）尺附近</td><td></td><td></td><td colspan="2"></td><td></td></tr>
<tr><td colspan="2"></td><td></td><td></td><td colspan="2"></td><td></td></tr>
<tr><td colspan="7">按如下要求绘出草图：
（1）绘出A、B两尺所在地面的高低情况。
（2）绘出仪器的大致位置（只需绘制仪器安置在水准尺附近的位置即可）。
（3）标明所使用水准仪视准轴的倾斜方向。</td></tr>
</table>

实训三

测回法测水平角

一、知识链接

如图 3-1 所示，空间两直线 OA 和 OB 相交于点 O，将点 A、O、B 沿铅垂方向投影到水平面上，得相应的投影点 a、o、b，水平线 oa 和 ob 的夹角 β 就是过两方向线所作的铅垂面间的夹角 $\angle AOB=\beta$，即水平角。OA 投影在水平度盘上的读数为 a，OB 投影在水平度盘上的读数为 b，则 oa 和 ob 的夹角值为

$$\beta=b-a$$

若 $\beta<0°$，则加 360°。

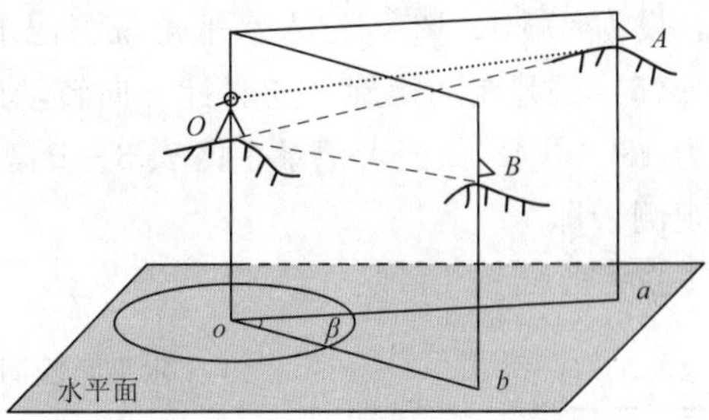

图 3-1　水平角测量原理

测角仪器用来测量角度的必要条件如下：

(1) 仪器的中心必须位于角顶的铅垂线上。

(2) 照准部设备（望远镜）要能上下、左右转动，上下转动时所形成的是竖直面。

(3) 要具有一个有刻划的度盘，并能安置成水平位置。

(4) 要有读数设备，读取投影方向的读数。

根据测量工作的精度要求、观测目标的多少及所用的仪器的类型，水平角测量方法一般有测回法和方向观测法两种。

测回法适用于在一个测站有两个观测方向的水平角测量，如图 3-2 所示，要观测的水平角为 $\angle AOB$，先在目标点 A、B 设置观测标志，在测站点 O 安置经纬仪，然后分别瞄准 A、B 两目标点进行读数，水平度盘两个读数之差即为要测的水平角。具体步骤如下：

(1) 安置仪器于测站点 O 上，对中、整平。

(2) 用盘左位置瞄准 A 目标，读取水平度盘读数为 a_1，设为 0°04′30″记入水平角观测记录表（表 3-1）盘左 A 目标水平读数一栏。

(3) 松开制动螺旋，顺时针方向转动照准部，瞄准 B 点，读取水平度盘读数为 b_1，设为 95°22′48″，记入水平角观测记录表 3-1 盘左 B 目标水平读数一栏；此时完成上半个测回的观测，即

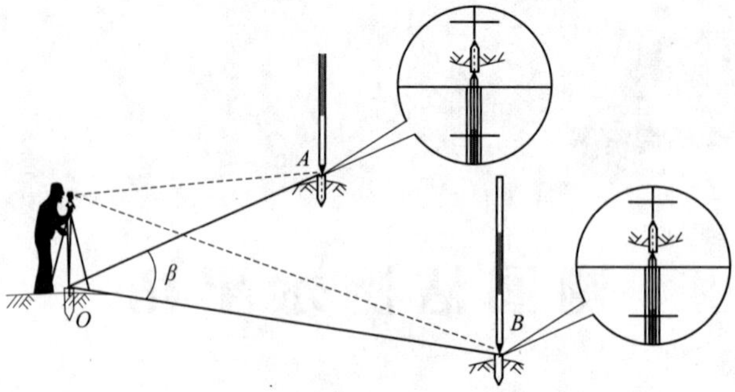

图 3-2　水平角测量（测回法）

$$\beta_{左}=b_1-a_1$$

（4）松开制动螺旋，倒转望远镜成盘右位置，瞄准 B 点，读取水平度盘的读数为 b_2，设为 277°19′12″，记入水平角观测记录表 3-1 盘右 B 目标水平读数一栏。

（5）松开制动螺旋，逆时针方向转动照准部，瞄准 A 点，读取水平度盘读数为 a_2，设为 182°00′42″，记入记录手簿表 3-1 盘右 A 目标水平读数一栏；此时完成下半个测回观测，即

$$\beta_{右}=b_2-a_2$$

表 3-1　　水平角观测记录（测回法）

测站	盘位	目标	水平度盘读数	水平角	
				半测回角值	测回角值
O	左	A	00°04′30″	95°18′18″	95°18′24″
		B	95°22″48″		
	右	B	277°19′12″	95°18′30″	
		A	182°00′42″		

上下半测回合称为一个测回，取盘左、盘右所得角值的算术平均值作为该角的一测回角值，即

$$\beta=\frac{\beta_{左}+\beta_{右}}{2}$$

测回法的限差规定：一是两个半测回角值较差；二是各测回角值较差。对于精度要求不同的水平角，有不同的规定限差。当要求提高测角精度时，往往要观测 n 个测回，取 n 个测回的平均值作为最终的成果值。

每个测回可按变动值概略公式 180°/n 的差数改变度盘起始读数，其中 n 为测回数，例如测回数 $n=4$，则各测回的起始方向读数应等于或略大于 0、45、90、135，这样做的主要目的是为了减弱度盘刻划不均匀造成的误差。

为了消除水平角观测中的某些误差，通常对同一角度要进行盘左、盘右两个盘位观测。盘左位置观测称为上半测回。盘右位置观测称为下半测回。上下两个半测回合称为一个测回。

二、实训目的

了解经纬仪的基本构造和性能，掌握测回法观测水平角的观测、记录和计算方法。

三、实训内容

练习用测回法测水平角。

四、实训计划

实训学时为 2 学时，4 人一组，每人观测一个测回，记录一个测回。

五、实训仪器

每组领取经纬仪 1 台，测钎 2 根或觇牌 2 个。

六、技术要求

使用 6″级的仪器观测时上下两个半测回之差不超过 36″，测回差不超过 24″。各测回的起始读数应加以变换，度盘变换值按 $180°/n$ 计算（n 为测回数）。

七、注意事项

（1）经纬仪安放在三脚架上后，必须旋紧连接螺丝，使其连接牢固。

（2）观测过程中，若水准管气泡偏离中心位置，其值不得大于一格。同一测回内气泡偏离居中位置大于一格则需重测该测回。不允许在同一测回内整平仪器。不同测回之间可以重新整平仪器。

（3）表的记录数值一律取到秒。表中分和秒一律要写两位数。

（4）在一个测回中，不得重新配置度盘。

八、成果提交

每人提交一份测回法测水平角记录表。

九、思考题

（1）用测回法测角时，为什么各测回的起始读数要加以变换，并且变换值按 $180°/n$ 计算？

（2）水平度盘的注记是按顺时针还是逆时针注记？

（3）水平角观测中，若右方目标读数小于左方目标读数，则如何计算角度值？

（4）垂球对中和光学对中的操作要领有什么不同？

测回法测水平角记录表

日期：　　　　　　　　　　天气：　　　　　　　　　　仪器：

组长：　　　　　　　　　　组员：

测站	竖盘位置	目标	水平度盘读数 /(° ′ ″)	半测回角值 /(° ′ ″)	一测回角值 /(° ′ ″)	各测回平均角值 /(° ′ ″)

实训四

方向观测法测水平角

一、知识链接

当一个测站有三个或三个以上的观测方向时，应采用方向观测法进行水平角观测，方向观测法是以所选定的起始方向（零方向）开始，依次观测各方向相对于起始方向的水平角值，也称方向值。两任意方向值之差，就是这两个方向之间的水平角值。如图4-1所示，3个观测方向需采用方向观测法进行观测，现就其观测、记录、计算及精度要求作如下介绍。

经纬仪安置于测站点 O，对中、整平后进行如下操作：

（1）盘左观测。盘左瞄准起始方向（也称零方向）A 点，并配置水平度盘读数使其略大于零。顺时针方向转动照准部，依次瞄准 B、C 点读数，完成上半个测回的观测工作。为了检查水平度盘在观测过程中有无带动，最后再一次瞄准起始方向，称为归零。

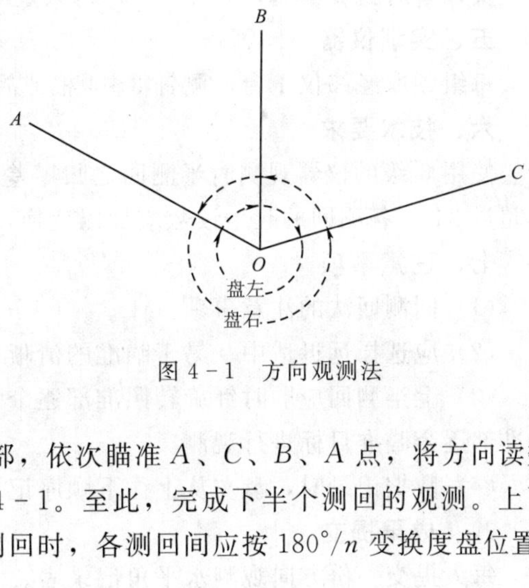

图4-1　方向观测法

（2）盘右观测。倒转望远镜，成盘右位置，从 A 点开始，逆时针方向转动照准部，依次瞄准 A、C、B、A 点，将方向读数按观测顺序自下而上记入观测记录手簿表4-1。至此，完成下半个测回的观测。上下半测回合称一个测回。如果需要观测多个测回时，各测回间应按 $180°/n$ 变换度盘位置。

（3）计算方法与步骤。

1）计算一个测回各方向的平均读数。平均值=[盘左读数+(盘右读数±180°)]/2。例：B 方向平均读数=1/2[69°20′30″+(249°20′24″−180°)]=69°20′27″，填入第6栏。

2）半测回归零差的计算。每半测回零方向有两个读数，它们的差值称为归零差。表4-1中第一测回上下半测回归零差分别为盘左12″−06″=+6″，盘右14″−24″=−10″。

3）计算起始方向值。第7栏两个 A 方向的平均值（00°01′15″+00°01′13″）/2=00°00′14″，填写在第8栏。

4）计算归零方向值。将各方向平均值分别减去零方向平均值，即得各方向归零方向值。注意：零方向观测两次，应将平均值再取平均。

例如：B 方向归零向值＝69°20′27″－00°01′14″＝69°19′13″。

表 4－1　　　　水平角观测记录（方向观测法）

测站	测回数	目标	水平度盘读数		平均读数 /(″)	方向值 /(° ′ ″)	归零方向值 /(° ′ ″)	角值 /(° ′ ″)
			盘左 /(° ′ ″)	盘右 /(° ′ ″)				
M	1	A	00°01′06″	180°01′24″	00°01′15″	00°01′14″	00°00′00″	69°19′13″
		B	69°20′30″	249°20′24″	69°20′27″		69°19′13″	55°31′00″
		C	124°51′24″	304°51′30″	124°51′27″		124°50′13″	
		A	00°01′12″	180°01′14″	00°01′13″			

二、实训目的

掌握用方向观测法观测水平角的观测、记录和计算方法。

三、实训内容

练习用方向观测法测水平角。

四、实训计划

实训学时为 2 学时，4 人一组，每人观测一个测回，记录一个测回。

五、实训仪器

每组领取经纬仪 1 台，测钎 3～4 根或觇牌 3～4 个。

六、技术要求

使用 6″级的仪器观测时半测回之归零差不超过 24″，各测回同一方向的归零值之差不超过 24″。各测回的起始读数应加以变换，度盘变换值按 180°/n 计算（n 为测回数）。

七、注意事项

（1）同测回法的注意事项。

（2）应选择远近适中、易于瞄准的清晰目标作为起始方向。

（3）上半测回应顺时针旋转照准部逐个瞄准目标进行观测，下半测回应逆时针旋转照准部逐个瞄准目标进行观测。

（4）数据记录时，盘左从上往下顺序记录，盘右从下往上顺序记录。

八、成果提交

每人提交一份方向观测水平角记录表。

九、思考题

（1）在方向观测法中，为什么要规定照准部的旋转方向？

（2）用测回法和全圆测回法进行角度测量可以消除或削弱哪些误差？

（3）在第一个测回，设置起始度盘读数略大于 0°有什么好处？

（4）如果在一个测回中，发现水准管偏离中心位置如何处理？

（5）方向经纬仪、复测经纬仪、电子经纬仪、全站仪各是如何配置度盘的？

方向观测法测水平角记录表

日期： 天气： 仪器：

组长： 组员：

测站	测回数	目标	水平度盘读数		平均读数 /(″)	方向值 /(° ′ ″)	归零方向值 /(° ′ ″)	角值 /(° ′ ″)
			盘左 /(° ′ ″)	盘右 /(° ′ ″)				

实训五

经纬仪的检验和校正

一、知识链接

1. 经纬仪的主要轴线间应满足的条件

为了保证水平角观测达到规定的精度，经纬仪的主要部件之间，也就是主要轴线和平面之间，必须满足水平角观测所提出的要求。如图 5-1 所示，经纬仪的主要轴线有：仪器的旋转轴 VV（简称竖轴）、望远镜的旋转轴 HH（简称横轴）、望远镜的视准轴 CC 和照准部水准管轴 LL。根据水平角观测的概念，经纬仪在水平角观测时应满足：①竖轴必须竖直；②水平度盘必须水平，其分划中心应在竖轴上；③望远镜上下转动时，视准轴形成的视准面必须是竖直平面。

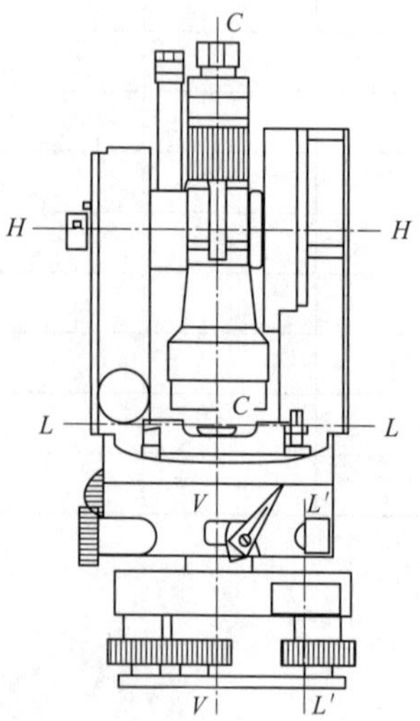

图 5-1 经纬仪的主要轴线

仪器厂装配仪器时，要求水平度盘与竖轴为相互垂直的关系，所以只要竖轴竖直，水平度盘就会水平。竖轴的竖直是利用照准部的水准管气泡居中，即水准管轴水平来实现的。因此上述的①、②两项要求可由照准部水准管轴应与竖轴垂直来实现。

视准面必须竖直的要求，实际上是由两个条件组成的。第一，视准面必须是平面，也就是视准轴应垂直于横轴；第二，视准面必须是竖直的平面，即当视准轴垂直于横轴之后，横轴又必须水平，即横轴必须垂直于竖轴。

综上所述，经纬仪必须满足下列几个条件：①照准部水准管轴应垂直于竖轴；②视准轴应垂直于横轴；③横轴应垂直于竖轴；④观测水平角时，若用十字丝交点去瞄准目标很不方便，通常是用竖丝去瞄准目标，从而又要求竖丝应垂直于横轴；⑤当经纬仪作竖角观测时，还必须满足竖盘指标差在限差范围内。

2. 经纬仪的常规检验和校正

经纬仪轴系之间的正确关系常常在使用期间及搬运过程中发生变动，因此在使用经纬仪观测水平角度之前需要查明仪器的各轴系是否满足前述的条件，如不满足这些条件则应使其满足。前一项工作称为检验，后一项工作称为校正。现将经纬仪检验和校正的一般方法说明如下。

(1) 照准部水准管轴垂直于竖轴的检验和校正。检验时先将仪器大致整平，转动照准部使其水准管与任意两个脚螺旋的连线平行，调整脚螺旋使气泡居中，然后将照准部旋转 180°（可利用度盘读数），若气泡仍然居中，则说明条件满足，否则应进行校正。检校原理如图 5-2 所示。若水准管轴与竖轴不垂直，倾斜了 α 角，当气泡居中时竖轴就倾斜 α 角，如图 5-2（a）所示。

照准部旋转 180°之后，仪器竖轴方向不变，如图 5-2（b）所示。可见水准管轴和水平线相差 2α 角，气泡偏离正中的格数是 2α 角的反映。

校正的目的是使水准管轴垂直于竖轴。由图 5-2（b）可见，校正时将 LL 向水平线方向转动一个 α 角，可得 $LL \perp VV$，即用校正针拨动水准管一端的校正螺钉，使气泡向正中间位置退回一半，如图 5-2（c）所示。为使竖轴竖直，再用脚螺旋使气泡居中即可，如图 5-2（d）所示。此项检验与校正必须反复进行，直至满足条件为止。

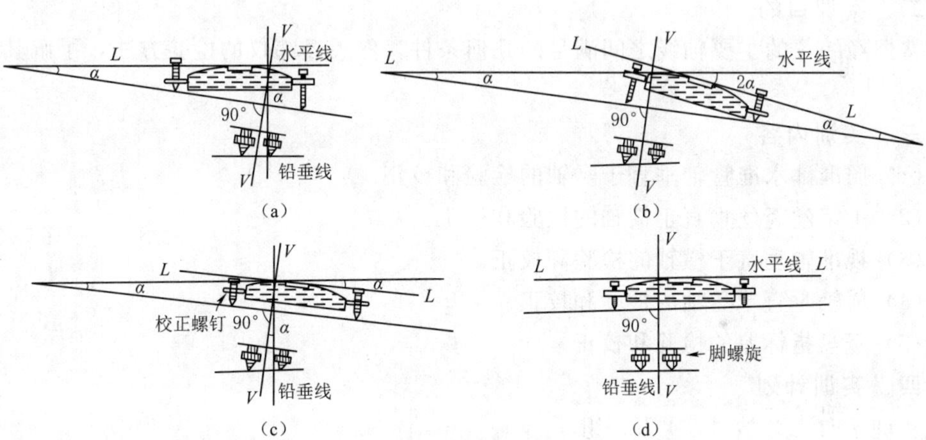

图 5-2 水准管检校原理

(2) 十字丝竖丝垂直于横轴的检验和校正。检验时用十字丝竖丝瞄准一清晰小点，使望远镜绕横轴上下转动，如果小点始终在竖丝上移动则条件满足，否则需要进行校正。

由于各种仪器的结构不同，校正方法也不一样。现以一种通常的结构为例介绍校正的方法。

这种结构是将装有十字丝环的目镜筒用压环和四个压环螺钉与望远镜筒相连接（图 5-3）。校正时松开四个压环螺钉，转动目镜筒使小点始终在十字丝竖丝上移动，校好后将压环螺钉旋紧。

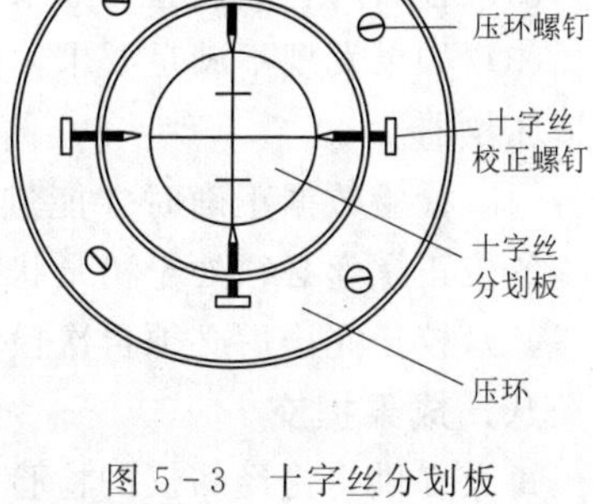

图 5-3 十字丝分划板

(3) 视准轴垂直于横轴的检验和校正。视准轴不垂直于横轴的误差 c，对水平位置目标的影响 $x_c = c$，且盘左、盘右的 x_c 绝对值相等而符号相反，此时横轴不水平的影响 $x_i = 0$。因此，此项条件的检验可这样进行：选择一水平位置的目标 A，用盘左、盘右观测之，取它们的读数差（顾及常数 180°）即得 2 倍的 c 值：

$$2c = L' - R' \pm 180°$$

式中：L'、R'分别为盘左和盘右的方向值。

若 c 绝对值，对于 J2 经纬仪不超过 8″，对于 J6 经纬仪不超过 10″，则认为视准轴垂直于横轴的条件得到满足，否则需进行校正。

校正时，首先计算水平度盘盘右位置时的正确读数 R：

$$R = R' + c = 1/2(L' + R' \pm 180°)$$

转动照准部微动螺旋，使水平度盘读数为 R 值。此时视准轴必定偏离目标 A 点，这时将十字丝环的左、右两校正螺钉一松一紧（先略放松上、下校正螺钉，使十字丝环能够移动），移动十字丝环，使十字丝交点对准 A 点。校正结束后应将上、下校正螺钉旋紧。

二、实训目的

掌握经纬仪的主要轴线之间满足的几何条件，熟悉经纬仪的检验方法，了解其校正方法。

三、实训内容

（1）照准部水准管轴垂直于竖轴的检验和校正。

（2）十字丝竖丝垂直于横轴的检验和校正。

（3）视准轴垂直于横轴的检验和校正。

（4）横轴垂直于竖轴的检验和校正。

（5）竖盘指标差的检验和校正。

四、实训计划

实训学时为 2 学时，4 人一组。

五、实训仪器

每组领取经纬仪 1 台，校正针 1 根。

六、技术要求

（1）照准部水准管轴垂直于竖轴的残余误差不超过半格。

（2）视准误差的残余误差不超过 30″。

（3）竖盘指标差的残余误差不超过 30″。

七、注意事项

（1）检验和校正按照顺序进行，不能任意颠倒。

（2）各项内容经检验，如条件满足，则不进行校正，但必须清楚如何校正。

（3）如果发现不满足要求，则必须在老师的指导下进行校正，校正时用力要轻，以免损坏仪器。

（4）检验数据正确时才能进行校正，不要盲目用校正针拨动校正螺丝；校正结束后，各校正螺丝必须处于稍紧状态。

（5）校正完毕后必须再次检验。

八、成果提交

每人提供一份经纬仪的检验和校正记录表。

九、思考题

（1）在测量水平角时，盘左盘右观测取平均可以消除哪些误差？

（2）在测量竖直角时，盘左盘右观测取平均可以消除哪些误差？

（3）水准管轴稍有不垂直于竖轴（如偏离格数少于 3～4 格）时，在不校正的情况下可以整平仪器吗？如何整平？

经纬仪的检验和校正记录表

日期：　　　　天气：　　　　仪器：

组长：　　　　组员：

1. 照准部水准管轴垂直于竖轴的检验和校正

	检验观测	校核观测
气泡偏离格数		

2. 十字丝竖丝垂直于横轴的检验和校正

	情况描述
检验观测	
校核观测	

3. 经纬仪视准轴的检验和校正

观测类型	竖盘位置	水平度盘读数 /(° ′ ″)	视准误差 /(″)	盘右应对准的正确读数 /(° ′ ″)
检验观测	盘左			
	盘右			
校核观测	盘左			
	盘右			

4. 横轴垂直于竖轴的检验和校正

观测类型	m_1 和 m_2 两点间距离及相关描述
检验观测	
校核观测	

5. 经纬仪竖直度盘指标差的检验和校正记录

观测类型	竖盘位置	竖直度盘读数 /(° ′ ″)	竖直角 /(° ′ ″)	指标差 /(″)	盘右应对准的正确读数 /(° ′ ″)
检验观测	盘左				
	盘右				
校核观测	盘左				
	盘右				

实训六

钢尺量距和直线定向

一、知识链接

钢尺丈量工作一般需要 3 人，分别担任前司尺员、后司尺员和记录员。丈量方法因地形而有所不同。

1. 平坦地面量距

丈量时后司尺员持钢尺零点端，前司尺员持钢尺末端，通常在土质地面上用测钎标示尺段端点位置。丈量时尽量用整尺段，一般仅末端用零尺段丈量。如图 6-1 所示，整尺段数用 n 表示，l 为尺长，余长用 q 表示，则地面两点间的水平距离 D 为

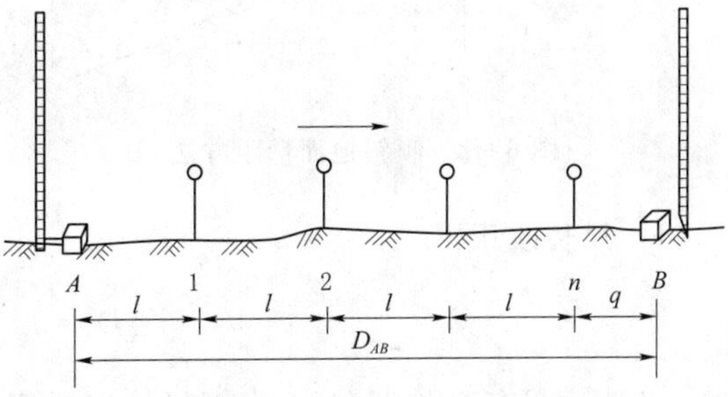

图 6-1　平坦地面量距

$$D=nl+q$$

为了防止错误和提高丈量结果的精度，需进行往、返丈量。一般用相对误差来表示成果的精度。计算相对误差时，往返测差数取绝对值，分母取往返测的平均值，并化为分子为 1 的分数形式。例如 AB 往测长为 327.47m，返测长为 327.35m，则相对误差 K 为

$$K=\frac{|D_{往}-D_{返}|}{D}=\frac{0.12}{327.41}=\frac{1}{2728}$$

一般要求 K 在 1/3000～1/1000 之间。当量距相对误差没有超过规范要求时，取往返丈量结果的平均值作为两点间的水平距离。

2. 倾斜地面量距

若地面起伏不大，可将钢尺一端抬高，目估使尺面水平，按平坦地面量距方法进行。若地面坡度较大，可将一整尺段距离分段丈量，如图 6-2 所示。

当倾斜地面的坡度均匀，大致成一倾斜面时，可以沿斜坡丈量 AB 的斜距 L，测得 A、B 两点间的高差 h，则水平距离为

$$D=\sqrt{L^2-h^2}\text{或}D=L+\Delta D_h$$

式中：ΔD_h 为量距时的倾斜改正，如图 6-3 所示。

由图可知，$\Delta D_h=-\dfrac{h^2}{2L}$，若测得地面的倾角 α，则 $D=L\cos\alpha$。

3. 距离丈量的成果整理

对某一段距离丈量的结果，需按规范要求进行尺长改正、温度改正和倾斜改正，才能得到实际的水平距离。丈量距离，通常总是分段较多，每段长不一定是整尺段，且每段的地面倾斜也不相同，所以一般需要分段改正。如果地面坡度基本一致，则尺长、温差和倾斜三项改正也可按整条边的距离进行改正。关于三项改正的公式分列如下：

如图 6-3 所示，某段距离丈量结果为 L，现要求水平距离 D。

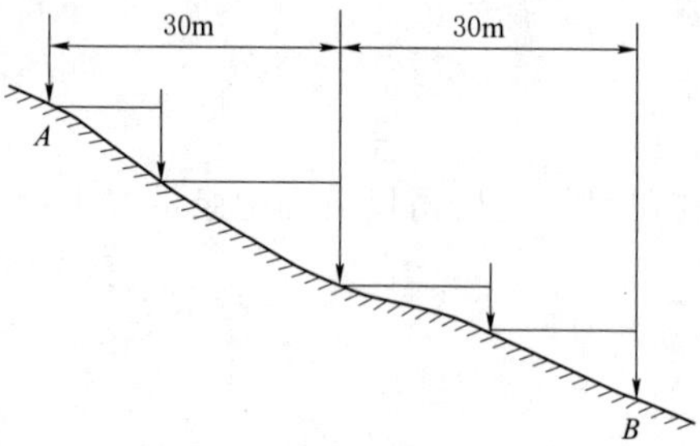

图 6-2　倾斜地面量距方法

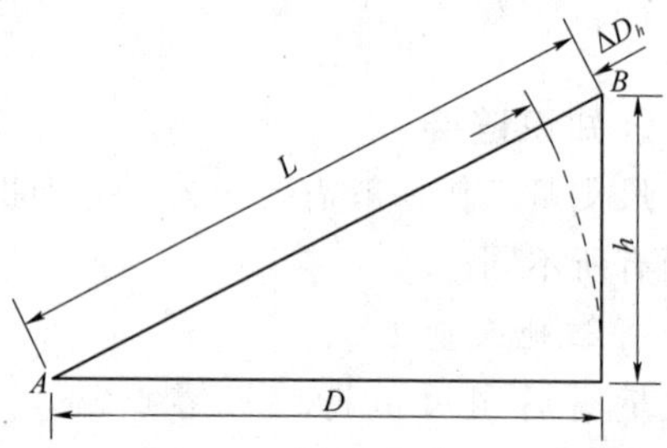

图 6-3　倾斜改正

（1）尺长改正：

$$\Delta D_l=L\ \frac{\Delta l}{l}$$

式中：l 为钢尺名义长度；Δl 为钢尺检定温度时整尺长的改正数，即尺长方程式中的尺长改正数；ΔD_l 就是该段距离的尺长改正。

（2）温度改正：

$$\Delta D_t=L\cos\alpha(t-t_0)$$

式中：t_0 为钢尺检定温度；t 为钢尺丈量时的温度；ΔD_t 即是该段距离的温度改正。

（3）倾斜改正：

$$\Delta D_h=D-L=-\frac{h^2}{2L}$$

式中：h 为 A、B 两点间的高差。

经以上三项改正后就可求得水平距离：

$$D=L+\Delta D_l+\Delta D_t+\Delta D_h$$

将改正后的各段水平距离相加，即得丈量距离的全长。若往、返测距离差数的相对误差在限差内，则取往、返测距离平均值作为最后成果。

二、实训目的

掌握钢尺精密量距的方法。

三、实训内容

在平坦的地面上选定大于 30m 的两点，按照钢尺量距的一般方法进行量距，同时测定这两点之间的磁方位角。

四、实训计划

实训学时为 2 学时，4 人一组。

五、实训仪器

每组领取钢尺 1 把，罗盘仪 1 个，花杆 1 根，测钎 1～2 根。

六、技术要求

（1）钢尺量距时，往返观测的相对误差应不大于 1/2000。

（2）正反磁方位角误差应小于 2°。

七、注意事项

（1）爱护钢尺，不要在地面上拖擦，不要使其折绕和受压，使用完毕擦净卷好。

（2）丈量时钢尺要拉平，用力均匀一致。

（3）使用钢尺时要看清零点，读数至毫米位。

八、成果提交

每人提交一份钢尺量距和直线定向记录表。

九、思考题

（1）为什么地面点之间的距离要丈量水平距离？

（2）如何在钢尺量距时克服各类误差的影响？

钢尺量距和直线定向记录表

日期：　　　　　　　　天气：　　　　　　　　仪器：

组长：　　　　　　　　组员：

1. 钢尺量距

往测	测段					全长/m
	距离/m					
返测	测段					全长/m
	距离/m					
计算	平均长度：$D_0=(D_{往}+D_{返})/2=$ 较差：$\Delta D=D_{往}-D_{返}=$ 相对误差：$K=\Delta D/D_0=1/D_0/D=$					

2. 磁方位角测量

测线	正方位角 /(° ′)	反方位角 /(° ′)	平均磁方位角 /(° ′)
按如下要求绘制草图： （1）标注磁北方向。 （2）标注正方位角和反方位角的位置及大小。			

实训七

视 距 测 量

一、知识链接

1. 视线水平时的距离与高差公式

视线水平时的距离与高差示意图如图 7-1 所示。

距离公式： $D=kl+c$

式中：k 为视距乘常数；c 为视距加常数；l 为上下丝读数差。

常用的内对光望远镜的视距常数在设计时令 $k=100$，$c\approx 0$。

在视线水平时，计算两点间的水平距离公式为

$$D=100l$$

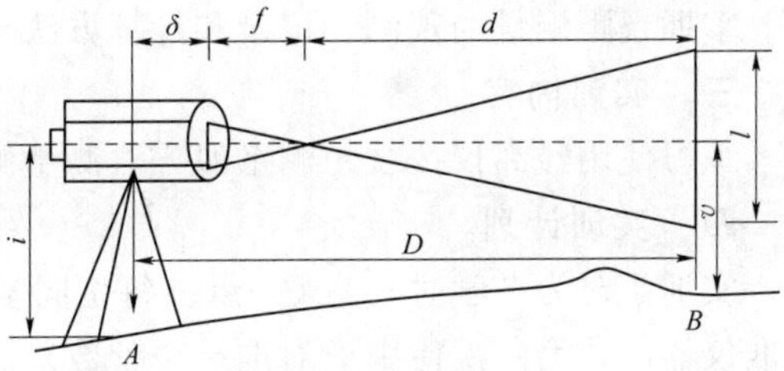

图 7-1　视线水平时的距离与高差示意图

2. 视线倾斜时的距离与高差公式

当地面高低起伏较大或通视条件较差时，必须使视线倾斜才能读取尺间隔，此时尺仍然是竖直的，但是视线是倾斜的。需要用垂直角和三角函数进行计算，如图 7-2 所示。

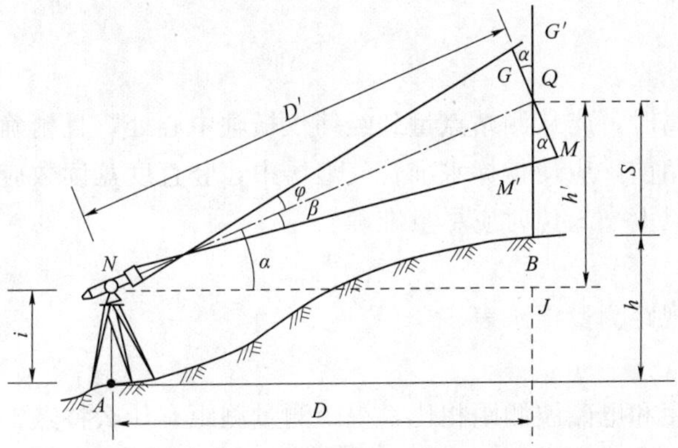

图 7-2　视线倾斜时视距测量

(1) 水平距离计算公式。由斜距计算公式 $D'=kl'=kl\cos\alpha$ 转化成水平距离公式

$$D=kl\cos^2\alpha$$

（2）高差公式。

$$h=D\tan\alpha+i-v$$

式中：i 为仪器高，为测站点桩顶面至仪器横轴的高度；v 为中丝读数；α 为垂直角；D 为 A 到 B 的水平距离；h 为 A 到 B 的高差。

3. 视距测量的观测与计算

如图 7-2 所示，已知 A 点的高程，欲测定 A、B 两点的平距和高差。观测和计算步骤如下：

（1）在测站点安置仪器，对中、整平、量取仪器高 i（量至厘米）。

（2）盘左位置瞄准视距尺，读取水准尺的下、上丝读数，求出视距间隔 l。

（3）调整竖盘指标水准管气泡居中，读取中丝读数 v（读到厘米）和竖盘读数 L，然后计算竖直角。

（4）计算视距、水平距离、高差和高程。

二、实训目的

掌握视距测量的观测、记录和计算方法。

三、实训内容

练习使用经纬仪按视距测量的方法测量测站点到测点的距离和高差。

四、实训计划

实训学时为 2 学时，4 人一组。每位同学瞄准同一根视距尺观测两次（一次使中丝对准仪器高，另一次使中丝对准一个整数）。

五、实训仪器

每组领取经纬仪 1 台，皮尺 1 把，视距尺若干。

六、技术要求

（1）水平距离计算到 0.001m，高差计算到 0.001m。

（2）同一台仪器瞄准同一把视距尺观测两次，水平距离的相对误差 $K\leqslant 1/2000$，高差误差的 $\Delta h\leqslant 3\text{cm}$。

七、注意事项

（1）视距尺应立直。

（2）量取仪器高时，应从测站点量到经纬仪横轴中心处，且精确到厘米位。

（3）读取竖直角前，应使指标水准管气泡居中，竖直度盘读数应读至秒位。

（4）估读视距尺上毫米位时应尽量准确。

八、成果提交

每人提交一份视距测量记录表。

九、思考题

（1）与钢尺量距和电磁波测距相比，视距测量测距有什么特点？

（2）与水准测量相比，视距测量测高差有什么特点？

（3）视距测量误差的主要来源是什么？

视距测量记录表

日期：　　　　　　　　　　　天气：　　　　　　　　　　　仪器：

组长：　　　　　　　　　　　组员：

测点	上丝读数/m；下丝读数/m	视距间隔 l/m	中丝读数 s/m	竖盘读数 /(° ′ ″)	竖直角 /(° ′ ″)	水平距离 D/m	初算高差时 /m	高差 /m	测点高程 H /m

实训八

全站仪的认识和使用

一、知识链接

1. 全站仪

随着现代科学技术的发展和计算机的广泛应用，一种集测距装置、测角装置和微处理器为一体的新型测量仪器应运而生。这种能自动测量和计算，并通过电子手簿或直接实现自动记录、存储和输出的测量仪器，称为全站式电子速测仪，简称全站仪。全站仪分为组合式和整体式两类，如图 8－1 和图 8－2 所示。

图 8－1　组合式全站仪

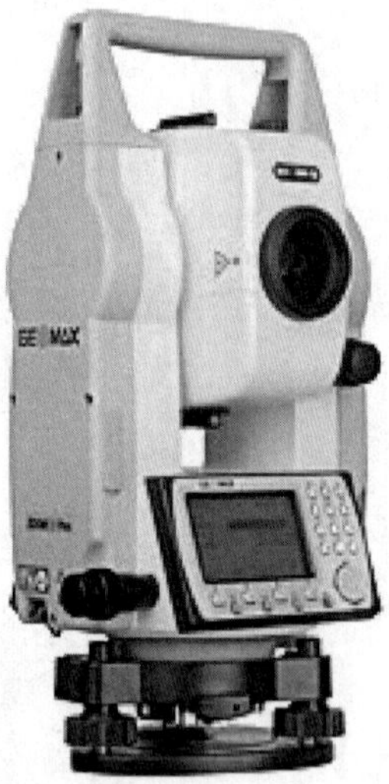

图 8－2　整体式全站仪

全站仪的发展经历了从普通型全站仪、功能型全站仪、磁卡型全站仪、内存式全站仪和全自动智能全站仪的发展过程。

2. 全站仪的工作特点

(1) 能同时测角、测距并自动记录测量数据。

(2) 内置多种应用程序，能在测量现场得到归算结果。

(3) 能实现计算机和仪器之间的数据交换。

3. 全站仪的构造

如图 8－3 所示，全站仪主要由两个系统组成：控制系统和光电测量系统。控制系统是全站仪的核心，主要由微处理器、键盘、显示器、存储器、输入/输出、I/O 单元等软硬件组成。

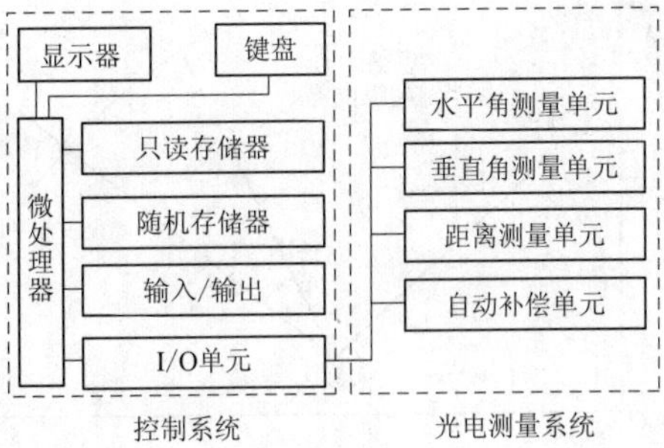

图 8-3　全站仪构造

通过键盘（面板）可以进行各种控制操作，如参数预置、选择显示和记录模式、进行存储卡格式化、建立或选择工作文件、数据输入输出、确定测量模式等。

4. 全站仪主要功能

（1）距离测量。全站仪大多利用内置的相位式红外测距仪进行距离测量，可设为单次测量和 N 次测量。有三种测距模式，即精测模式、粗测模式、跟踪模式。一般情况下用精测模式观测，最小显示单位为 1mm，测量时间约为 2.5s。粗测模式最小显示单位为 10mm，测量时间为 0.7s。跟踪模式用于观测移动目标，最小显示单位为 10mm，测量时间约为 0.3s。

在距离测量前应进行大气改正和棱镜常数的设置，然后才能进行距离测量。由于仪器是利用红外光测距，光速会随着大气的温度和压力而改变，因此必须进行大气改正。仪器一旦设置了大气改正值，即可自动对测距结果实施大气改正。仪器设计是在温度 20℃，标准大气压 1013hPa 时大气改正值为 0ppm，其他情况下，可以输入温度，气压值由仪器自动计算，也可以根据公式直接计算出大气改正值（ppm）进行设置。

测距时，应根据使用的棱镜型号进行棱镜常数设置。仪器还可以对大气折光和地球曲率的影响进行自动改正。

（2）角度测量。全站仪的测角是由仪器内集成的电子经纬仪完成的。电子经纬仪的测角与光学经纬仪类似，主要区别在于电子经纬仪采用光电扫描度盘自动计数，自动处理数据，自动显示、储存及输出数据，并且角度测量的三轴误差（视准轴、水平轴和垂直轴）由仪器自动进行改正。

（3）坐标测量。坐标测量是根据已知点的坐标、已知边的坐标方位角，计算未知点坐标的一种方法。全站仪坐标测量原理是用极坐标直接测定待定点坐标的，其实质就是在已知测站点，同时采集角度和距离，经微处理器实时进行数据处理，由显示器输出测量结果。

坐标测量需要具备一定的已知条件，已知两点的坐标或一个点的坐标及方位角，均可进行未知点的坐标测量。测量时，需要输入仪器高和棱镜高，以及测站点的坐标，并进行定向后，全站仪可直接测定未知点的坐标。

用全站仪测待测点的三维坐标：必须输入测站点三维坐标（X，Y，H）、后视边方位角（或后视点坐标，由全站仪解算后视边方位角）、仪器高 i、棱镜高 t。

（4）放样测量。放样测量就是根据已有的控制点或地物点，按工程设计要求，将建筑物或构筑物的特征点在实地标定出来，如图 8-4 所示。放样时，将已知数据和待放点的数据输入到仪器中，根据仪器显示的待放点与已知点对应的角度、距离和高差的差值，由测站司镜员指挥棱镜员在地面移动，在仪器随时显示的各种差值显示为零时，移

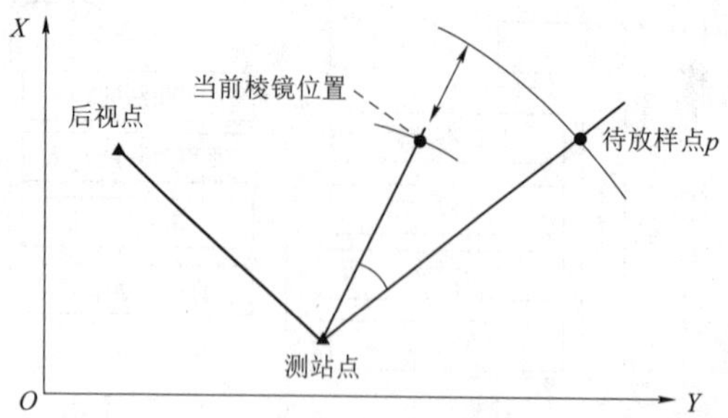

图 8-4　放样原理

动中所对应的位置就是待放点的点位。在此打入木桩，标上点记，完成该点的放样。显示的差值由以下公式计算：

斜距差值=斜距实测值-斜距放样值

平距差值=平距实测值-平距放样值

高程差值=高程实测值-高程放样值

角度差值=角度实测值-角度放样值

5. 全站仪的应用

（1）仪器各部位名称如图 8-5 所示。技术术语示意图如图 8-6 所示。

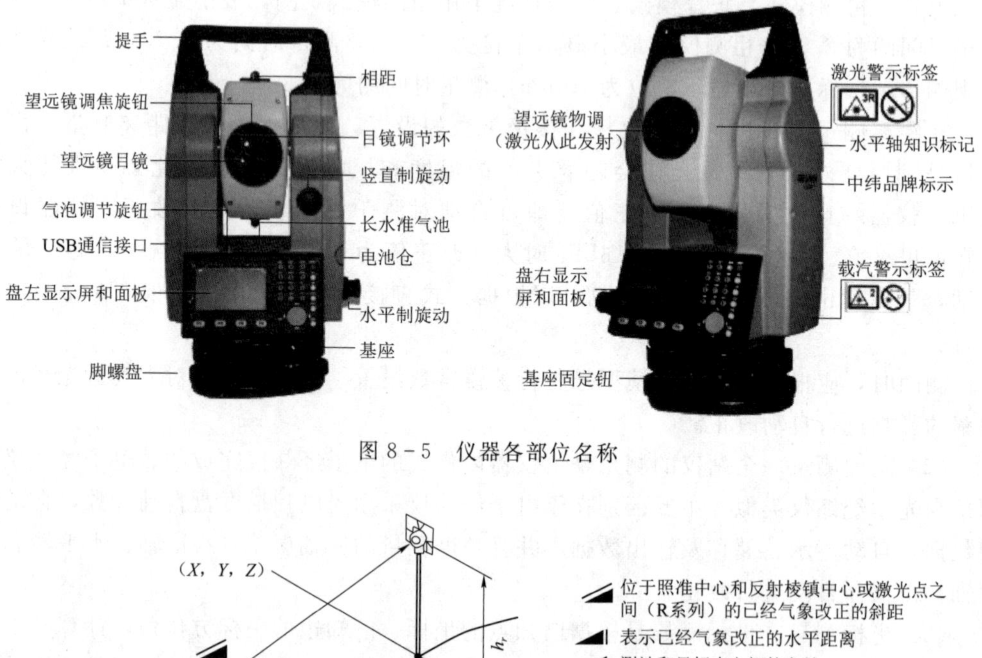

图 8-5　仪器各部位名称

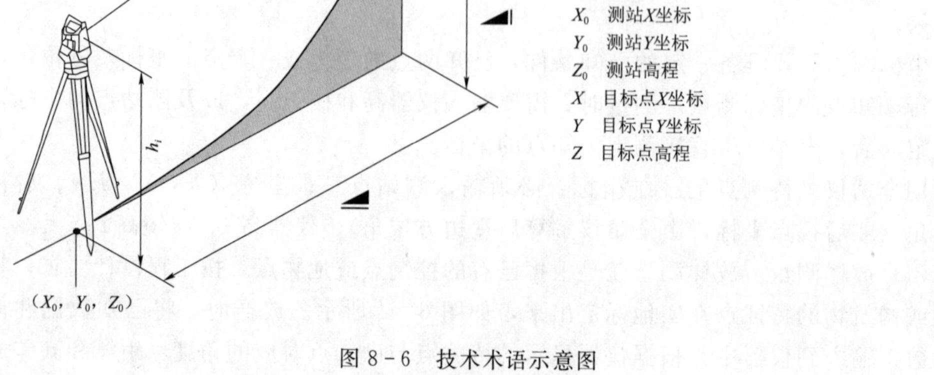

图 8-6　技术术语示意图

(2) 仪器操作。中纬 ZT29 全站仪除了具有上述特点外，还具有全天候、全领域、全系类的特点。

为避免不必要的电源开关误操作，TPS400 将开关 on/off 放在仪器的侧面。

1）键盘及输入模式。中纬 ZT20 全站仪键盘如图 8－7 所示。

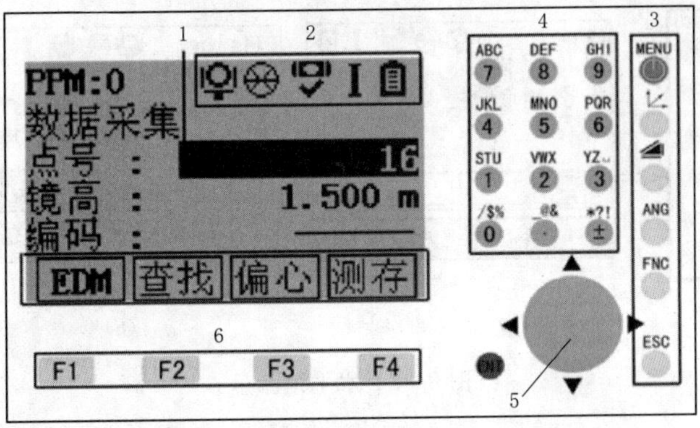

图 8－7 中纬 ZT20 全站仪键盘

1—当前操作区；2—状态图标；3—固定键；4—字符数字键；5—导航键；6—软功能键

中纬 ZT20 全站仪键盘上的固定键中各键的作用如下所述：

MENU 键：在常规测量界面时进入菜单。

坐标键：在常规测量、数据采集和放样中进入坐标测量界面。

距离键：在常规测量、数据采集和放样中进入距离界面，再次按此键将在平距、高差和斜距之间切换。

ANG 键：在常规测量、数据采集和放样中进入角度测量界面。

FNC 键：常用测量功能键。

ESC 键：退出对话框或者退出编辑模式，保留先前值不变，返回上一界面。

ENT 键：回车键。确认输入，进入下一输入区。

2）输入方法。数字字符输入由软按键和确认键来完成输入，输入模式主要有以下几种情况，详细内容请参照说明书。

数字区域：在字符数字键盘上按键，数字会显示在显示屏上。

字母/数字区域：可以包含数字或字母。单击按键，将显示按键上所印制的第一个字母，重复的按压就会在不同字母间切换。例如：1→S→T→U→1→S……

导航键的操作如下：

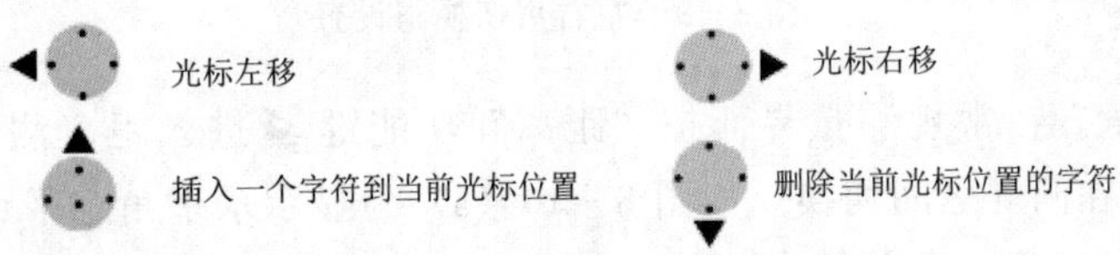

在编辑模式小数点的位置无法改变，小数点的位置可以跳过去。

(3) 常规测量。

1）角度测量。在常规测量界面按“角度”功能键 ANG 进入角度测量模式。测量两点的水平夹角、竖直角的测量。水平角测量操作如下：①照准第一个目标 A；②设置目标 A 的水平角为 00°00′00″，按“F1 置零”；③按“F4 确认"，如图 8-8（a）所示；④照准第二个目标 B，显示 B 与 A 的水平夹角，以及当前的垂直角，图 8-8（b）所示。

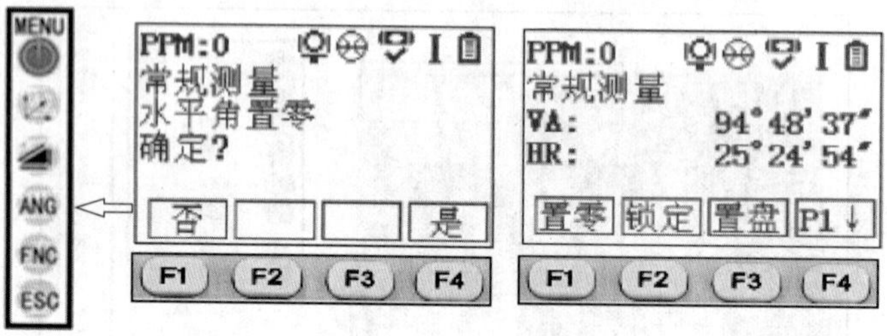

（a）　　（b）

图 8-8　水平角测量

2）左右角切换及角度设置。

a. 切换左右角：按 F4 两次转到第三页功能，通过“F2 R/L”可以在左角模式（HL）和右角模式（HR）之间切换，如图 8-9（a）所示。

b. 角度设置：在水平角度放样时使用该功能，其设置可以通过锁定角度值和键盘输入两种方法进行。

c. 锁定设置：用水平微动螺旋转到所需的角度值。按“F2 锁定”键，则角度不再随着仪器的转动而改变。照准目标，按“F4 是”完成水平角设置，屏幕回到正常的角度测量模式，如图 8-9（b）所示

d. 输入设置：通过进行设置照准目标。按“F3 置盘”键。通过键盘输入要设定的角度值，如 90°，然后按“F4 确定”键，如图 8-9（c）所示。角度的其他切换和角度的复测参见说明书。

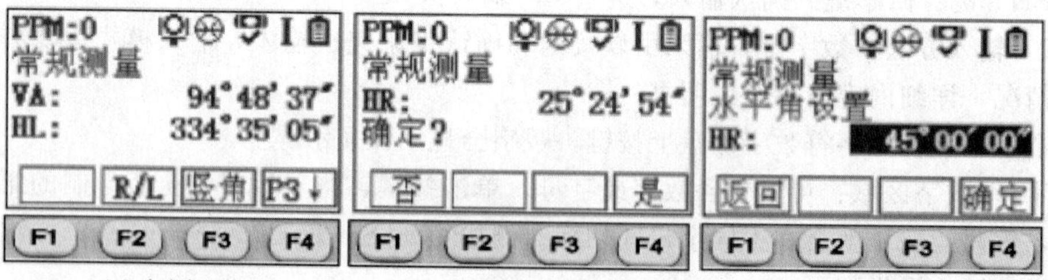

（a）左右角切换　　（b）锁定设角　　（c）输入设角

图 8-9　左右角切换与设置

3）距离测量。在常规测量界面按“距离”功能键进入距离测量模式，再次按下，屏幕内容将在两屏之间切换。如图 8-10（a）为显示水平角、平距、高差，图 8-10（b）为显示竖直角、水平角、斜距。

在测量距离时要确保测量目标选择正确，如图 8-10（a）所示界面按“F3 测量”键，得到距离值。如需查看斜距，按“距离”功能键切换至图 8-10（b）即可。

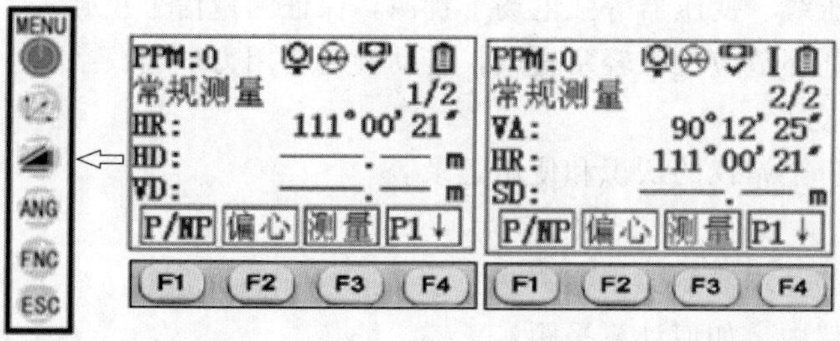

（a）显示水平角、平距、高差　（b）显示竖直角、水平角、斜距

图 8-10　距离测量

按下 F4 切换到第二页，按“F1 m/ft”，距离单位在米与英尺间切换。按“F3 EDM”进入 EDM 设置。按“F1 P/NP”在“棱镜”及“无棱镜”测量模式间切换。按 F4 可切换至第二页软功能，再次按下 F4 切换至第一页软功能。

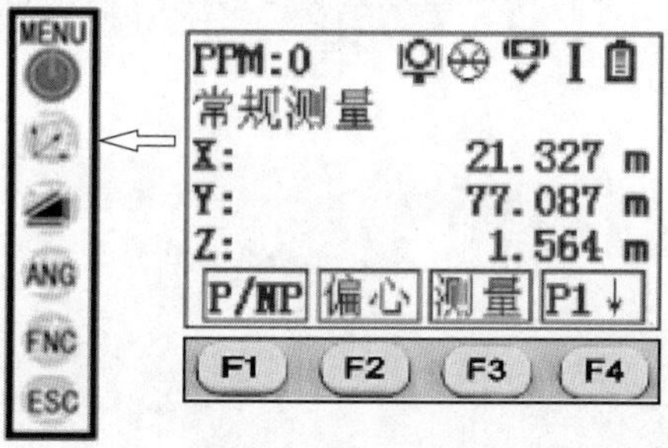

图 8-11　坐标测量

4）坐标测量。在常规测量界面按“坐标”功能键进入坐标测量模式。照准目标，按“F3 测量”键可以得到（X，Y，Z）坐标值。如图 8-11 所示，通过 F4 可以切换至软功能，在第二页软功能，可以设置镜高、仪高、测站坐标。

二、实训目的

（1）了解全站仪的构造和性能。

（2）熟悉全站仪的基本使用方法。

三、实训内容

应用全站仪进行水平角、竖直角、斜距、平距和高差测量。

四、实训计划

实训学时为 2 学时，4 人一组，每个小组按测回法测量一测回的水平角和一测回的竖直角，并测量两点（测站点和测点）之间的斜距、平距和高差。

五、实训仪器

每组全站仪 1 台，2m 小卷尺 1 把，棱镜 2 个。

六、技术要求

（1）应用 6″级全站仪观测时，水平角测回差小于 24″，竖直角测回差小于 24″。

（2）水平距离测回差小于 5mm。

七、注意事项

（1）在指导教师演示完毕后方可进行操作。

（2）严禁将望远镜镜头对准太阳或其他强光。

（3）拆、装电池时应关闭电源开关。

（4）测量工作完毕后应注意关机。

（5）避开高压线、变压器等强电场干扰源，保证测量信号正确。

（6）整个实训环节应注意轻拿轻放，转动旋钮要用力适当。

八、成果提交

每人上交一份全站仪的认识和使用记录表。

九、思考题

（1）全站仪的基本测量数据有哪些？

（2）在全站仪中，如何计算平距？

（3）在测量角度时，全站仪还存在普通光学经纬仪的仪器误差吗？

（4）在使用全站仪时如何克服仪器误差？

（5）你知道哪些型号的全站仪？它们的精度如何？

全站仪的认识和使用记录表

日期：　　　　　　　　　天气：　　　　　　　　　仪器：

组长：　　　　　　　　　组员：

测站（仪器高）测回数	目标（棱镜高）	竖盘位置	水平度盘读数/(° ′ ″)	一测回方向值/(° ′ ″)	竖直度盘读数/(° ′ ″)	竖直角/(° ′ ″)	斜距/m	平距/m	高差/m
		盘左							
		盘右							
		盘左							
		盘右							
		盘左							
		盘右							
		盘左							
		盘右							
		盘左							
		盘右							
		盘左							
		盘右							
		盘左							
		盘右							
		盘左							
		盘右							

实训九

四 等 水 准 测 量

一、知识链接

国家四等水准测量的精度要求较普通水准测量的高，其技术指标见表 9－1。四等水准测量的水准尺，通常采用木质的两面有分划的红黑面双面标尺，表 9－1 中的黑红面读数差，指一根标尺的两面读数去掉常数之后所容许的差数。

表 9－1　　四等水准测量限差

项目 等级	视线长度/m	前后视距差/m	前后视累积差/m	黑红面读数差/mm	黑红面所测高差较差/mm	高差闭合差限差/mm
四等	≤100	≤5.0	≤10.0	≤3.0	≤5.0	≤$20\sqrt{L}$

1．外业测量观测与记录

四等水准测量每站的观测顺序和记录见表 9－2，括号中数字 1～8 号代表观测记录顺序，9～18 号为计算的顺序与记录位置。

表 9－2　　四等水准外业观测手簿

测站编号	点号	后尺 上丝 / 下丝 / 后距 / 视距差 d	前尺 上丝 / 下丝 / 前距 / $\sum d$	方向及尺号	标尺读数 黑面	标尺读数 红面	K＋黑－红	高差中数
		(1)	(5)	后	(3)	(4)	(13)	
		(2)	(6)	前	(7)	(8)	(14)	(18)
		(9)	(10)	后－前	(15)	(16)	(17)	
		(11)	(12)					
1	1－TP1	1614	0774	后 1	1384	6171	0	
		1156	0326	前 2	0551	5239	－1	＋0.832
		45.8	44.8	后－前	＋0833	＋0932	＋1	
		＋1.0	＋1.0					
2	TP1－2	2188	2252	后 2	1934	6622	－1	
		1682	1758	前 1	2008	6796	－1	－0.074
		50.6	49.4	后－前	－0074	－0174	0	
		＋1.2	＋2.2					

续表

测站编号	点号	后尺 上丝 / 下丝	前尺 上丝 / 下丝	方向及尺号	标尺读数		K＋黑－红	高差中数
		后距	前距		黑面	红面		
		视距差 d	$\sum d$					
3	2－TP2	1922	2066	后 1	1726	6512	＋1	－0.141
		1529	1668	前 2	1866	6554	－1	
		39.3	39.8	后－前	－0140	－0042	＋2	
		－0.5	＋1.7					
4	TP2－3	2041	2220	后 2	1832	6520	－1	－0.174
		1622	1790	前 1	2097	6793	＋1	
		41.9	43.0	后－前	－0175	－0273	－2	
		－1.1	＋0.6					
5	3－TP3	1527	1762	后 1	1437	6224	0	－0.236
		1349	1580	前 2	1673	6360	0	
		17.8	18.2	后－前	－0236	－0136	0	
		－0.4	＋0.2					
6	TP3－4	1439	1948	后 1	0953	5640	0	－0.520
		0470	0999	前 2	1472	6260	－1	
		96.9	94.9	后－前	－0519	－0620	＋1	
		＋2.0	＋2.2					
7	4－TP4	1889	1652	后 1	1579	6367	－1	＋0.230
		1269	1040	前 2	1349	6037	－1	
		62.0	61.2	后－前	＋0230	＋0330	0	
		＋0.8	＋3.0					
8	TP4－1	1532	1460	后 1	1461	6149	－1	＋0.070
		1391	1327	前 2	1392	6179	0	
		14.1	13.3	后－前	＋0069	－0030	－1	
		＋0.8	＋3.8					

（1）照准后视水准尺黑面，读取上、下、中三丝读数，填入编号（1）、（2）、（3）栏。

（2）将水准尺翻转为红面，后视水准尺红面，读取中丝读数，填入编号（4）栏。

（3）前视水准尺的黑面，读取上、下、中三丝读数，填入（5）、（6）、（7）栏。

（4）将水准尺翻转为红面，前视水准尺红面，读取中丝读数（8）栏。

这样的观测顺序简称为“后—后—前—前”。三等水准测量的顺序为“后—前—前—后”，观测顺序有所改变。

2. 计算与检核

（1）视距计算。根据视线水平时的视距原理（上丝－下丝）×100 计算前、后视距离。

后视距离：$(9)=[(1)-(2)]\times100$

前视距离：$(10)=[(5)-(6)]\times100$

前后视距差：$(11)=(9)-(10)$，前后视距离差不超过 5m。

前后视距累计差：$(12)=$上一个测站$(12)+$本测站(11)，前后视距累计差不超过 10m。

（2）同一水准尺黑、红面读数差计算。

$$(13)=(3)+k-(4)$$
$$(14)=(7)+k-(8)$$

同一水准尺黑、红面读数差不超过 3mm。

（3）高差计算与检核。

黑面尺读数之高差：$(15)=(3)-(7)$

红面尺读数之高差：$(16)=(4)-(8)$

黑、红面所得高差之差检核：

$$(17)=(15)-(16)\pm0.100=(13)-(14)$$

式中±0.100为两水准尺常数 k 之差，见表 9-2。单站数用“+”号；双站数用“—”号。

黑、红面所得高差之差不超过 5mm。

（4）计算平均高差。

$$(18)=\frac{1}{2}[(15)+(16)\pm0.100]$$

3. 每页的计算和检核

（1）总视距计算与检核。

$$\text{本页末站}(12)=\sum(9)-\sum(10)$$
$$\text{本页总视距}=\sum(9)+\sum(10)$$

（2）总高差的计算和检核。

当测站数为偶数时：

$$\text{总高差}=(18)=\frac{1}{2}[(15)+(16)]=\frac{1}{2}\{\sum[(3)+(4)]-\sum[(7)+(8)]\}$$

当测站为奇数时：

$$\sum(18)=\frac{1}{2}[(15)+(16)\pm0.1]$$

4. 测量的注意事项

（1）检校仪器，需在坚实地面上设站选点，前后视距尽量相等。

（2）瞄准、读数时，仔细对光，清除视差，精平气泡，读完后检查气泡的位置，标尺需立直。

（3）成像清晰时观测，中午气温高，折光强，不宜观测。

5. 四等水准测量内业资料整理

根据外业观测数据进行内业资料整理，见表 9-3。

表 9-3 四等水准测量成果计算表

点号	路线长度/km	实测高差/m	改正数/mm	改正后高差/m	高程/m	备注
1					156.894	
	0.19	+0.758	+3	+0.761		
2					157.655	
	0.16	−0.315	+3	−0.312		
3					157.343	
	0.23	−0.756	+4	−0.752		
4					156.591	
	0.15	+0.300	+3	+0.303		
1					156.894	
Σ	0.73	−0.013	+13	0		

注 辅助计算：$f_h=-13\text{mm}$；$f_{h允}=20\sqrt{L}=\pm20\text{mm}$；$v_{1\text{km}}=-\dfrac{f_h}{L}=+17.8\text{mm/km}$

具体内业处理方法如下：

(1) 路线长度计算。根据表 9-2 中的点号可知，本次水准测量共分 4 个测段，每个测段分 2 站测量，因此计算路线长度时应将 2 个测站测量时的所有视距相加，换算单位即可。

(2) 实测高差计算。方法同路线长度计算，将每个测段中各测站所测高差中数相加，即可求出每个测段的实测高差，注意正负号的填写。

(3) 改正数与改正后高差计算。根据表 9-2 中的点号可知，本次水准测量从 1 点出发，最终测回到 1 点，因此是闭合水准路线，根据闭合水准路线闭合差公式可得，$f_h=\sum h_{测}$，即所有实测高差相加；每个测段改正数按公式 $h_{n改}=\dfrac{L_n}{L}\times f_h$ 计算，改正后高差即为实测高差与改正数相加。

(4) 高程计算。根据已知条件，即 1 点高程为 156.894m，依次与改正后高差相加，即可求出对应点位高程。

(5) 辅助计算。其中 $f_h=\sum h_{测}$，$f_{h允}=20\sqrt{L}$，当 L 小于 1 时，取 $L=1$，$v_{1\text{km}}$ 代表每 1km 所对应的改正数。

二、实训目的

进一步熟悉水准仪的使用，掌握四等水准测量的观测程序、记录和计算方法；了解四等水准测量的主要技术指标，掌握测站校核和线路校核的方法。

三、实训内容

根据场地情况按照四等水准测量方法进行闭合水准路线或附合水准路线测量。

四、实训计划

实训学时为 4 学时，4 人一组，轮流分工为：1 人操作仪器，1 人记录计算，2 人立水准尺。

五、实训仪器

每小组自动安平水准仪 1 台，水准尺 2 把，尺垫 2 个。

六、技术要求

（1）前距、后距不得超过100m。

（2）前后视距差不得大于3m。

（3）前后距累计差不得大于10m。

（4）“K+黑－红”不得超过3mm。

（5）“$h_{黑}-(h_{红}\pm0.1)$”不得超过5mm。

（6）闭合差的允许值$\Delta h_{允}$（单位：mm）为

$$\Delta h_{允}=\pm6\sqrt{n} \text{ 或 } \Delta h_{允}=\pm20\sqrt{L}$$

式中：n为测站数；L为水准路线长度，km。

七、注意事项

（1）需要满足普通水准测量的注意事项。

（2）在选择测站时，用步测法使前后视距大致相等。

（3）在同一测站，应尽量减少前后视读数的间隔时间。

（4）每站观测完毕应立即进行计算，满足要求后才能搬站，若超限应立即重测。

八、成果提交

以小组为单位提交外业观测记录表，每人提交一份四等水准测量成果计算表。

九、思考题

（1）为什么要控制前后距差和前后视距累计差？

（2）在同一测站中，观测完后视再观测前视时需要重新调焦吗？

（3）如果采用“后－前－前－后”的观测方法，可以消除什么误差？

四等水准测量记录表（1）

日期：　　　　　　　　　天气：　　　　　　　　　仪器：

组长：　　　　　　　　　组员：

测站编号	点号	后尺 上丝	前尺 上丝	方向及尺号	标尺读数		K＋黑－红	高差中数
		后尺 下丝	前尺 下丝		黑面	红面		
		后距	前距					
		视距差 d	$\sum d$					
				后				
				前				
				后－前				
				后				
				前				
				后－前				
				后				
				前				
				后－前				
				后				
				前				
				后－前				
				后				
				前				
				后－前				
				后				
				前				
				后－前				
				后				
				前				
				后－前				
				后				
				前				
				后－前				
				后				
				前				
				后－前				

四等水准测量记录表（2）

日期：　　　　　　　　天气：　　　　　　　　仪器：

组长：　　　　　　　　组员：

测站编号	点号	后尺 上丝	前尺 上丝	方向及尺号	标尺读数 黑面	标尺读数 红面	K＋黑－红	高差中数
		后尺 下丝	前尺 下丝					
		后距	前距					
		视距差 d	$\sum d$					
				后				
				前				
				后－前				
				后				
				前				
				后－前				
				后				
				前				
				后－前				
				后				
				前				
				后－前				
				后				
				前				
				后－前				
				后				
				前				
				后－前				
				后				
				前				
				后－前				
				后				
				前				
				后－前				
				后				
				前				
				后－前				

实训十

GPS 接收机的认识和使用

一、知识链接

下面以中纬中海达 iRTK10GPS 为例，简述仪器的操作及使用。

中海达 iRTK10GPS 主要设备由接收机（主机）、手簿、天线等组成。在主机内部还安装有蓝牙收发器以支持手持终端操作手簿与其进行无线连接。

1. 主机操作界面

主机及接收机的面板界面如图 10-1 所示。

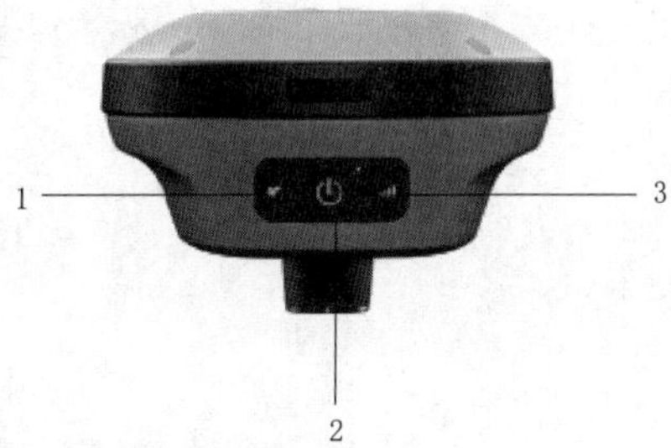

图 10-1　主机及接收机的面板界面
1—卫星灯；2—电源灯（电源键）；
3—数据灯

2. 手簿操作界面

中海达 iRTK10GPS 手持手簿软件的操作主界面如图 10-2 所示，在手簿中单击开始菜单，选择 Hi-Survey 可进入 RTK 测量程序主界面。

3. 操作使用

在工程开始测量之前，要进行有关基本操作与设置，检查无误后，才可以进行后续的操作使用，进行有关数据测量采集或放样工作。其操作步骤如下：

(1) 新建作业。单击“项目”→“项目信息”，单击界面上的蓝色悬浮“新建”按钮（新建按钮可拖动），进入创建项目界面，输入项目名（必填）、创建人、备注等信息，选择所需的坐标系统和图例编码，确认无误后单击确定完成新建项目，如图 10-3 所示。

手簿设置完成后，要与主机连接，步骤如图 10-4 所示：连接设备，单击“设备”→“设备连接”或直接单击右上角“请连接设备”进入设备连接界面，单击“连接”→选择基准站的机号进行蓝牙配对连接。

(2) 基准站设置。先设置基准站“接收机”位置，勾选是否保存基站坐标，再设置“电文格式”“截止高度角”“数据链”；并且可以通过“高级选项”设置“定位数据频率”“临时静态”等。

设置基准站位置：

1) 如果基准站架设在已知点上，且知道转换参数，则选择“已知点设站”，直接输入或在点库里选择该点的 WGS-84 的 BLH 坐标，也可事先打开转换参数，输入该点

图 10-2　操作主界面

图 10-3　新建作业

Unnamed
请连接设备
设备连接
基准站
移动站
演示模式
辅助功能
静态采集
测距仪
更多
项目
设备
测量
工具
设备连接
设备未连接
工作模式:
固件版本:
过期时间:
方式
蓝牙
天线类型
[V96] GNSS Antenna
注册
连接
蓝牙连接
状态:
蓝牙
已配对设备
13677934
10021062
15185827
13671482
搜索设备
设备连接
15185827
工作模式: 移动站模式
固件版本: 2.2.7 V96 更新
过期时间: 2022-03-05
方式
蓝牙
天线类型
[V96] GNSS Antenna
注册
连接服务器成功
断开

图 10－4 连接主机

的当地 NEZ 坐标，这样基准站就以该点的 WGS－84 BLH 坐标为参考，发射差分数据，如图 10－5 所示。

图 10－5　基准站设置

2）如果基准站架设在未知点上，选择“平滑设站”，设置平滑次数；完成数据链、电文格式等设置后，单击悬浮按钮“设置”接收机将会按照设置的平滑次数进行平滑，最后取平滑后的均值为基准站坐标。另外，平滑设站若勾选“保存坐标”，则还需输入该坐标的目标高、选择量高类型，输入点名，如图 10－6 所示。

单击“数据链”，选择数据链类型，输入相关参数，如图 10－7 所示。

例如：用中海达服务器传输数据作业时，需设置相关参数。当数据链选择内置网络模式时，分组号和小组号可变动，分组号为七位数，小组号为小于 255 的三位数；当用电台作业时，数据链则需选择内置电台模式，并需要设置电台频道。

单击“高级选项”，设置定位数据频率，是否开启临时静态等，单击悬浮按钮“设置”，软件提示设置成功，如图 10－8 所示。

查看主机差分灯是否有规律闪烁红灯。使用外挂电台时，查看电台收发灯是否一秒闪一次。如果都正常，则基站设置成功。

图 10－6　基站参数设置

（3）移动站设置。用蓝牙方式连接上移动台，确认移动台数据链以及其他各项参数和基准站一致。移动站的设置与基准站连接的步骤相同，移动站的数据链参数必须要和基准站的一样才能接收差分数据。

参数设置与基站一样后单击悬浮按钮“设置”，主机语音播报“UHF 移动台”。稍等片刻，顶部信息栏中“解”状态上显示“固定”，便可以开始测量作业，如图 10－9 所示。

（4）参数计算。首先建立控制点库：主界面“点数据”→“控制点”→“添加控制点”，可手动输入，或通过单击右上角的实时采集、点选和图选来选择点名和相应的坐标，再单击右下角“确定”，如图 10－10 所示。

单击“参数计算”，计算类型选“四参数＋高程拟合”，高程拟合选“固定差改正”（三个点以上，高程拟合可以选“平面拟合”方法）；随后再添加点

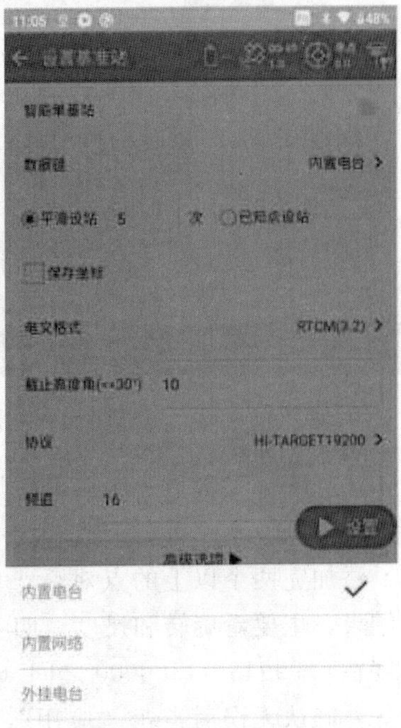

图 10－7　数据链设置

图 10-8　数据频率设置

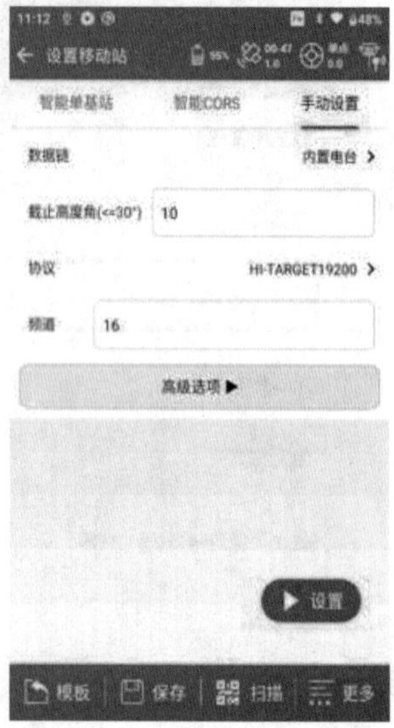

图 10-9　移动站设置

图 10-10　控制点库建立

对，选择一个采集点为源点，在目标点处输入相应控制点坐标；最后单击“保存”，如图 10-11 所示。

添加完两个以上的点对后，单击“计算”，显示计算出来的“四参数＋高程拟合”的结果，主要看旋转和尺度。四参数的结果平移北和平移东一般较小，旋转在 0°左右，尺度在 0.99915～1.00000 之间（一般来说，尺度越接近 1 越好），平面和高程残差越小越好，确认无误后点击“应用”，软件将自动运用新参数更新坐标点库，如图 10-12 所示。

图 10－11　参数计算

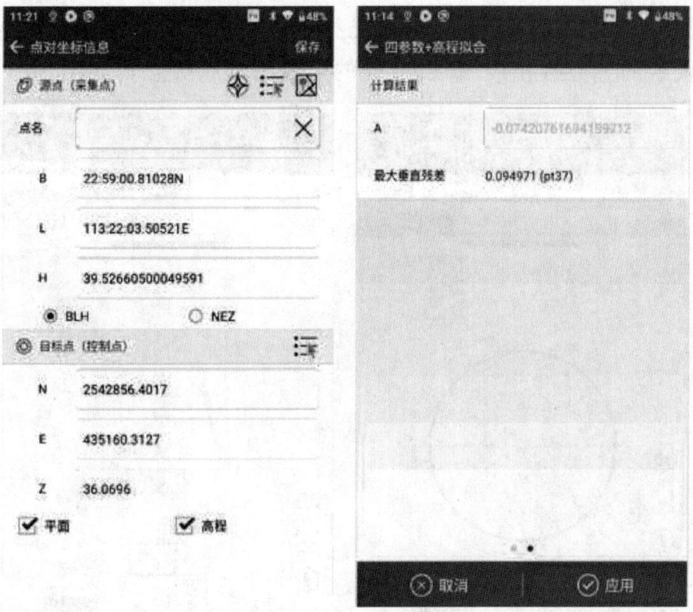

图 10－12　参数应用

（5）碎部测量。进入碎部测量界面，当显示固定后才可以采集坐标。当移动台在待测点上对中完毕后，单击“浮动采集键”，输入“点名”“目标高”和“目标高类型”，再单击“确定”即可记录该点，如图 10－13 所示。

（6）点放样。进入“点放样”界面，单击右侧的箭头按钮选择放样的点，然后根据

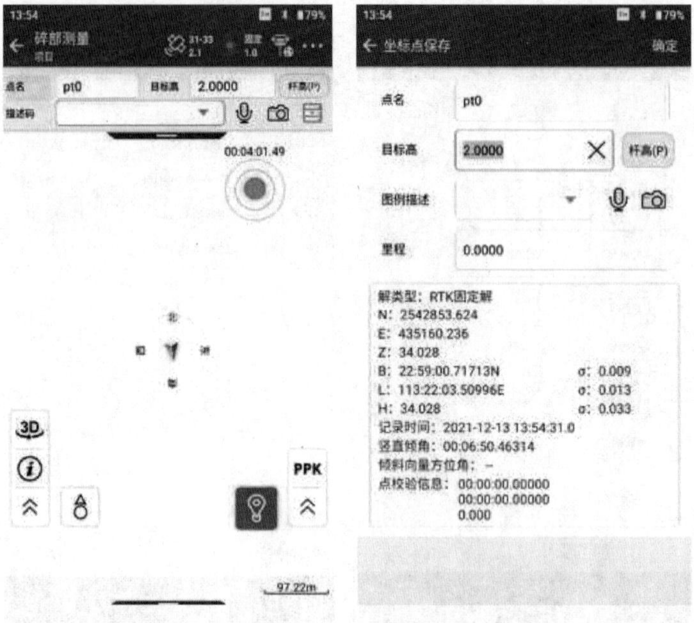

图 10－13　碎部测量

方向和距离提示找到放样点，即当前点（蓝色箭头）到目标点（圆形加十字标志）的靠近过程。放样提示圆圈变为绿色，则表示已接近放样点；放样提示圆圈变为红色，则放样成功并达到设置的“放样精度”。已放样的点有小红旗标志，如图 10－14 所示。

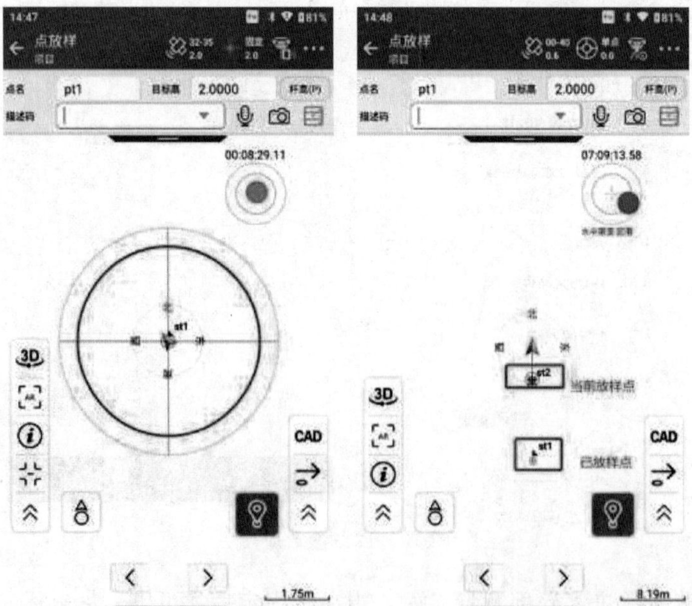

图 10－14　点放样

在放样的过程中可进行碎部点采集，同样是单击“浮动采集键”或者手簿上的采集键。

（7）数据导出。在“数据交换”界面选择坐标点，选择交换类型为导出，选择对应的格式导出或“自定义”导出，输入文件名，选择文件保存路径，单击“确定”即可导出数据。如果“自定义”导出，单击“确定”后进入自定义格式设置，如图 10 - 15 所示。

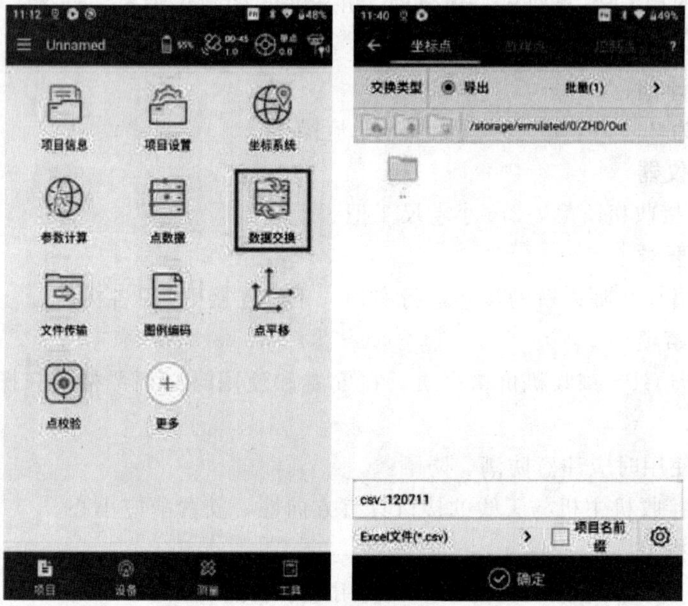

图 10 - 15　点位放样巡动定点

选择导出内容，再单击右上角的“确定”即可导出数据。自定义（*.csv）进行导出时也可以选择对导出模板进行加载，导出模板可以对名称、导出内容、可选字段进行设置和保存。

4. GPS 接收机使用注意事项

（1）在设置完了 GPS 接收机之后，要检查它的安装是否与说明书上的一样，这样才能够保证在使用时不会出现偏差。

（2）在对所有的设备中的线缆连接完成后，才能够接通电源开机，而且要严禁接口设备在有电的情况下进行插拔。

（3）要避免进水，如果进水，请立即关闭电源进行维修。

（4）在使用的时候，要注意避免离大功率的电磁发射设备太近，否则会干扰 GPS 接收机的正常运作。

二、实训目的

（1）了解 GPS 接收机的构造和性能。

（2）熟悉 GPS 接收机的基本使用方法。

（3）加深理解全球定位系统（GPS）的概念。

三、实训内容

（1）认识 GPS 接收机的各个部件。

（2）掌握 GPS 接收机各个部件之间的连接方法。

（3）熟悉 GPS 接收机前面板各个按键的功能。

（4）熟悉 GPS 接收机后面板各个接口的作用。

（5）学会查看 GPS 接收机的接收状态、PDOP 值以及测站经纬度。

（6）学会使用 GPS 接收机采集数据，并给采集的数据编辑文件名；学会 GPS 接收机天线高的输入方法。

四、实训计划

实训学时为 2 学时，4 人一组，组员轮流操作。

五、实训仪器

每组 GPS 接收机 1 套，2m 小卷尺 1 把。

六、技术要求

严格按照指导教师讲解的步骤进行实训，正确连接 RTK 各构件。

七、注意事项

（1）测量型 GPS 接收机价格昂贵，在安置和使用时必须严格遵守操作规程，注意爱护仪器。

（2）仪器使用时应注意防潮、防晒。

（3）GPS 接收机主机与天线的接口具有方向性，安置前应小心。

八、成果提交

每人上交一份 GPS 接收机的认识和使用记录表。

九、思考题

（1）GPS 接收机能测量哪些数据？

（2）目前 GPS 接收机的型号有哪些？

（3）GPS 定位的基本原理是什么？

（4）如何应用 GPS 接收机进行较高精度的定位？

（5）在实际观测中，可视卫星和锁定卫星是什么意思？

GPS 接收机的认识和使用记录表

日期：　　时间：　　天气：　　仪器：

测站点：　　测站点高程：　　仪器高：　　观测者：　　记录者：

1. 绘制某一时刻的卫星分布图

2. 根据实际测量情况填写下面表格

点号	时间	经度 /(° ′ ″)	纬度 /(° ′ ″)	高程 /m	定位模式	精度因子	锁定卫星	可视卫星

实训十一

全站仪导线测量

一、知识链接

（一）导线

导线就是由测区内选定的控制点组成的连续折线，每条直线叫作导线边，相邻两直线之间的水平角叫作转折角。测定了转折角和导线边长之后，即可根据已知边的方位角和坐标推算出其他各导线边的方位角和导线点的坐标，如图 11－1 所示。常用的导线形式有闭合导线、附和导线和支导线，按照测区的条件和需要，导线布置成下列几种形式，如图 11－2、图 11－3 所示。

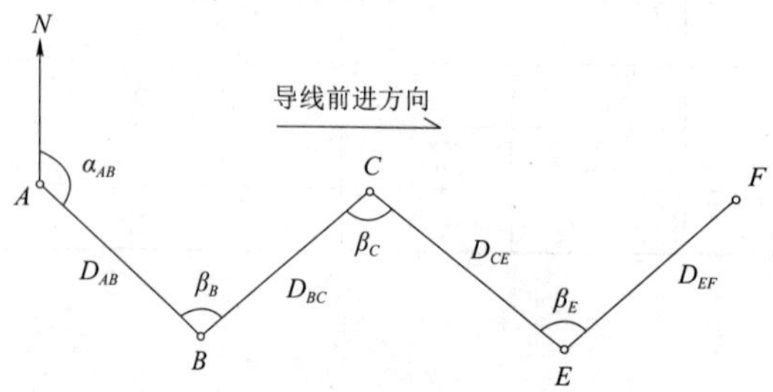

图 11－1　导线示意图

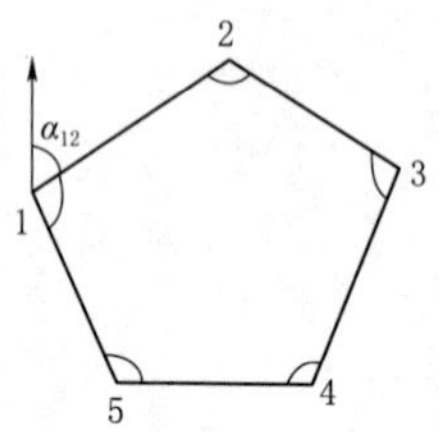

图 11－2　闭合导线示意图

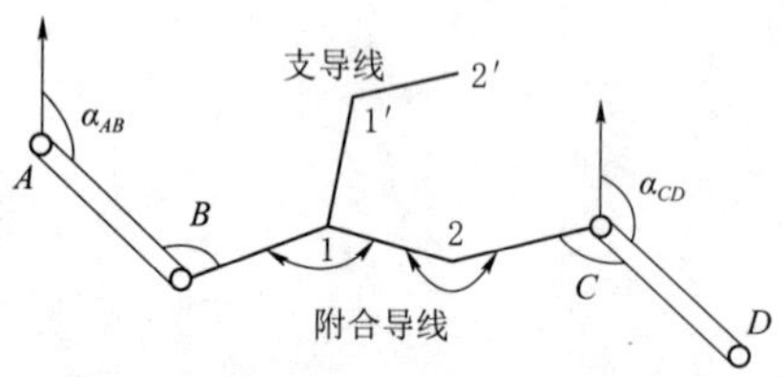

图 11－3　附合导线与支导线示意图

（二）导线测量外业工作

导线测量的外业包括踏勘、选点、埋设、测角、测边、导线定向。

1. 踏勘、选点及埋设标志

踏勘是为了了解测区范围，地形及控制点情况，以便确定导线的形式和布置方案；选点应考虑便于导线测量、地形测量和施工放样。选点的原则为：

（1）相邻导线点间必须通视良好，视线远离障碍物，保证成像清晰。

（2）等级导线点应便于加密图根点，导线点应选在地势高、视野开阔便于碎步测量的地方。

（3）导线边长大致相同，不能差距过大。

（4）密度适宜、点位均匀、土质坚硬、易于保存和寻找。

选好点后应直接在地上打入木桩。桩顶钉一小铁钉或划“十”作点的标志。必要时在木桩周围灌上混凝土［图 11－4（a）］。如导线点需要长期保存，则应埋设混凝土桩或标石［图 11－4（b）］。埋桩后应统一进行编号。为了今后便于查找，应量出导线点至附近明显地物的距离。绘出草图，注明尺寸，称为点之记［图 11－4（c）］。

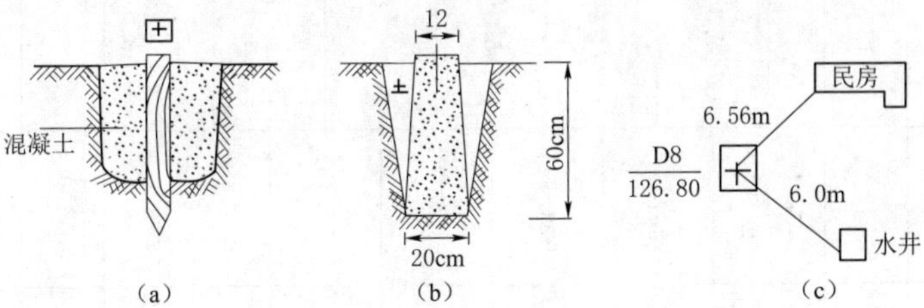

图 11－4　导线点标志和点之记

2. 测角

闭合导线测内角。导线水平角测量主要是导线转折角测量。可测左角，也可测右角，附合导线按导线前进方向可观测左角或右角；对闭合导线一般是观测多边形内角；支导线无校核条件，要求既观测左角，也观测右角以便进行校核。导线水平角的观测方法一般采用测回法和方向观测法。

3. 测边

传统导线边长可采用钢尺、测距仪（气象、倾斜改正）、视距法等方法。随着测绘技术的发展，目前全站仪已成为距离测量的主要手段。普通钢卷尺量距时，必须使用经国家测绘机构鉴定的，并对丈量长度进行尺长改正、温度改正和倾斜改正。

4. 导线定向

测区内有国家高级控制点时，可与控制点联测推求方位，包括测定联测角和联测边；当联测有困难时，也可采用罗盘仪测磁方位或陀螺经纬仪测定方向。

用于测图的控制点所连接成的导线（即图根导线）的坐标计算方法与此内容相同。

（三）导线测量内业计算

（1）闭合导线的坐标计算。导线计算的目的是：推算各导线点的坐标 x_i，y_i。下面结合实例介绍闭合导线的计算方法。图 11－5 所示为闭合导线外业观测草图。计算前必须按技术要求对观测成果进行检查和核算。然后将观测的内角、边长填入表 11－1 中的 2、6 栏，起始边方位角和起点坐标值填入 5、13、14 栏顶上格（带有双横线的值）。对于四等以下导线角值取至秒，边长和坐标取至 mm，图根导线长和坐标取至 cm，并绘出导线草图。在表内进行计算。

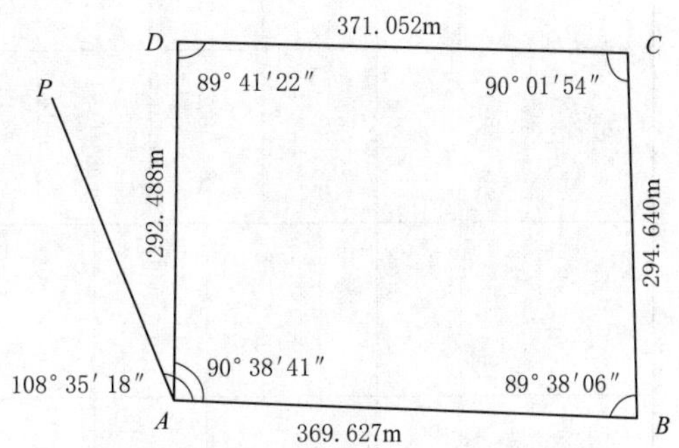

图 11－5　闭合导线外业观测草图

1）计算并调整角度闭合差。n 边形内角和的理论值 $\sum\beta_{测}=(n-2)\times180°$。由于测

表 11-1 **闭合导线坐标计算表**

点号	观测角 /(° ′ ″)	角度改正数 /(″)	改正后角度值 /(° ′ ″)	坐标方位角 /(° ′ ″)	距离 /m	坐标增量 Δx 计算值 /m	坐标增量 Δx 改正值 /mm	坐标增量 Δx 改正后的值 /m	坐标增量 Δy 计算值 /m	坐标增量 Δy 改正值 /mm	坐标增量 Δy 改正后的值 /m	纵坐标 x/m	横坐标 y/m
1	2	3	4	5	6	7	8	9	10	11	12	13	14
P													
				335 33 07									
A	108 35 18		108 35 18									12037.542	20207.028
				264 08 25	369.627	−37.736	+1	−37.735	−367.696	−1	−367.697		
B	89 38 06	0	89 38 06									11999.807	19839.331
				173 46 31	294.640	−292.903	+1	−292.902	+31.947	−1	+31.946		
C	90 01 54	−1	90 01 53									11706.905	19871.277
				83 48 24	371.052	+40.030	+1	+40.031	+368.886	−2	+368.884		
D	89 41 22	−1	89 41 21									11746.936	20240.161
				353 29 45	292.488	+290.605	+1	+29.606	−33.132	−1	−33.133		
A	90 38 41	−1	90 38 40									12037.542	20207.028
				264 08 25									
B													
Σ	360 00 03	−3	360 00 00		1327.807	−0.004	+4	0.000	+0.005	−5	0.000		
辅助计算	$f_\beta=\sum_{\beta_{测}}-360°=+3''$　$f_x=\sum\Delta x=-4\text{mm}$　$f_y=\sum\Delta y=+5\text{mm}$　$f=\sqrt{f_x^2+f_y^2}=6\text{mm}$ $f_{\beta_{允}}=\pm10\sqrt{n}=\pm20''$　$\lvert f_\beta\rvert<\lvert f_{\beta_{允}}\rvert$ 合格　$K=\dfrac{f}{\sum D}=\dfrac{1}{221301}$　$K_{允}=\dfrac{1}{15000}$　$K<K_{允}$ 合格												

角误差，使得实测内角和$\sum\beta_{测}$与理论值不符，其差称为角度闭合差，以 f_β 表示，即

$$f_\beta=\sum_{\beta_{测}}-(n-2)\times180^\circ \tag{11-1}$$

当 $f_\beta<f_{\beta允}$容时，可进行闭合差调整，将 f_β 以相反的符号平均分配到各观测角去。其角度改正数为

$$v_\beta=-\frac{f_\beta}{n} \tag{11-2}$$

当 f_β 不能整除时，则将余数凑整到短边大角上去。改正后的角值为

$$\beta_i=\beta'_i+v_\beta \tag{11-3}$$

调整后的角值必须满足：$\sum\beta=(n-2)\times180^\circ$否则表示计算有误。

2）推算各边方位角。根据导线点编号，导线内角（即右角）改正后角值和起始方位角，依次计算 α_{AB}、α_{BC}、α_{CD}、α_{DA} 直到回到起始边α_{AB}。经校核无误，方可继续往下计算。

3）计算坐标增量及其闭合差的调整。根据各边长及其方位角，计算出相邻导线点的坐标增量。如图 11－6 所示，闭合导线纵横坐标增量的总和的理论值应等于 0，即

$$\sum\Delta x_{理}=0$$
$$\sum\Delta y_{理}=0$$

由于量边误差和改正角值的残余误差，其计算的观测值$\sum\Delta x_{测}$，$\sum\Delta y_{测}$，不等于 0，与理论值之差，称为坐标增量闭合差，即

$$\begin{aligned}f_x&=\sum\Delta x_{测}-\sum\Delta x_{理}=\sum\Delta x_{测}\\f_y&=\sum\Delta y_{测}-\sum\Delta y_{理}=\sum\Delta y_{测}\end{aligned} \tag{11-4}$$

如图 11－7 所示，由于 f_x，f_y 的存在，使得导线不闭合而产生 f，称为导线全长闭合差，即

$$f=\sqrt{f_x^2+f_y^2} \tag{11-5}$$

f 值与导线长短有关。通常以全长相对闭合差 K 来衡量导线的精度。

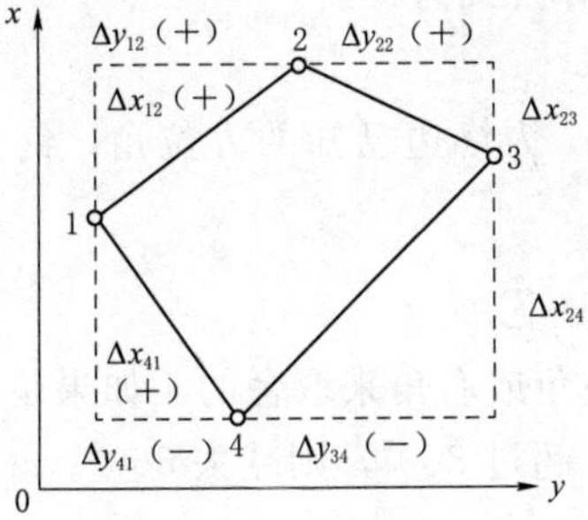

图 11－6　坐标增量闭合差图

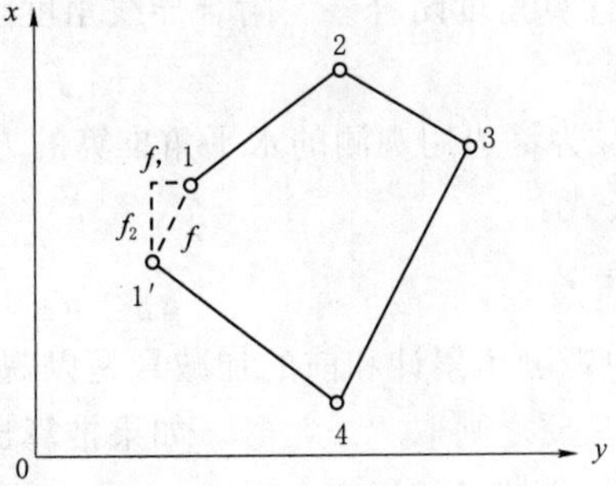

图 11－7　导线全长闭合差

$$K=\frac{f}{\sum D}=\frac{1}{\frac{\sum D}{f}} \tag{11-6}$$

式中：$\sum D$ 为导线全长。当 K 在容许值范围内，可将 f_x，f_y 以相反符号按边长成正

比分配到各增量中去，其改正数为

$$v_{x_i}=\left(-\frac{f_x}{\sum D}\right)\times D_i \tag{11-7}$$

$$v_{y_i}=\left(-\frac{f_y}{\sum D}\right)\times D_i \tag{11-8}$$

按增量的取位要求，改正数凑整至 cm 或 mm，凑整后的改正数总和必须与反号的增量闭合差相等。然后将相应的增量计算值加改正数计算改正后的增量。

4）计算坐标。根据起点已知坐标和改正后的增量。依次计算 2、3、4 点直至回 1 点的坐标，进行校核。

（2）附合导线的坐标计算。附合导线的计算方法和计算步骤与闭合导线计算基本相同，只是由于已知条件的不同，有以下几点不同之处：

图 11－8 中的 A、B、C、D 是已知点，起始边的方位角 α_{AB}（α 始）和终止边的方位角 α_{CD}（$\alpha_终$）为已知。分别为 $\alpha_{AB}=236°44'28''$ 和 $\alpha_{CD}=69°38'01''$，有关外业观测资料数据已经填入表 11－2 中。

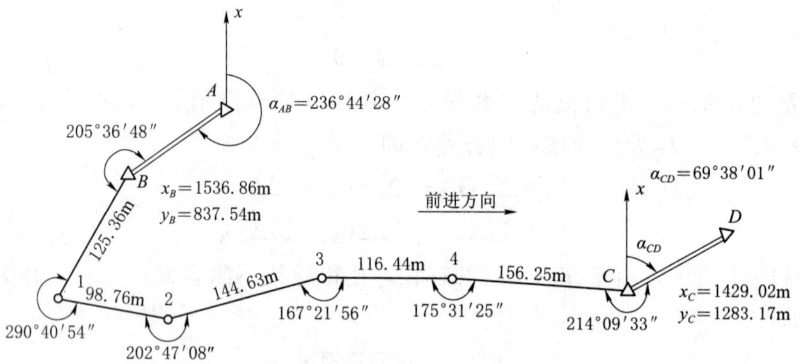

图 11－8　附合导线示意图

1）计算角度闭合差。附合导线角度闭合差计算公式为

$$f_\beta=\alpha'_终-\alpha_终 \tag{11-9}$$

式中：$\alpha'_终$ 为终边用观测的水平角推算的方位角；$\alpha_终$ 为终边已知的方位角，终边 α 推算的一般公式：

$$\alpha'_终=\alpha_终+n\times180°\pm\sum^{n}\beta \tag{11-10}$$

式中观测角累计和前的加减号是以观测角为左角或右角来取舍的。如果是右夹角取“－”号，反之则取“＋”号。如果推算出来的 $\alpha'_终$ 超过 360°，则减去 360°。

2）测角精度的评定，即

$$f_\beta=\alpha'_终-\alpha_终$$

检核：$f_\beta\leqslant f_{\beta容}$（各级导线的限差见规范）。

3）角度改正数计算。角度改正数按式 $\Delta\beta=\pm\frac{f_\beta}{n}$ 计算，公式中的 n 是包括连接角在内的导线转折角数。如果角度闭合差 f_β 在容许范围内，则进行角度调整，其原则

表 11-2　　附合导线坐标计算表

点号	观测角/(° ′ ″)右角	角度改正数/(″)	改正后角度值/(° ′ ″)	坐标方位角/(° ′ ″)	距离/m	坐标增量 Δx 计算值/m	坐标增量 Δx 改正值/mm	坐标增量 Δx 改正后的值/m	坐标增量 Δy 计算值/m	坐标增量 Δy 改正值/mm	坐标增量 Δy 改正后的值/m	纵坐标 x/m	横坐标 y/m
1	2	3	4	5	6	7	8	9	10	11	12	13	14
A													
				236 44 28									
B	205 36 48	−13	205 36 35									1536.86	837.54
				211 07 53	125.36	−107.31	+4	−107.27	−64.81	−2	−64.83		
1	290 40 54	−12	290 40 42									1429.59	772.71
				100 27 11	98.76	−17.92	+3	−17.89	+97.12	−2	+97.10		
2	202 47 08	−13	202 46 55									1411.70	869.81
				77 40 16	114.63	+30.88	+4	+30.92	+141.29	−2	+141.27		
3	167 21 56	−13	167 21 43									1442.62	1011.08
				90 18 33	116.44	−0.63	+3	−0.60	+116.44	−2	+116.42		
4	175 31 25	−13	175 31 12									1442.02	1127.50
				94 47 21	156.25	−13.05	+5	−13.00	+155.70	−3	+155.67		
C	214 09 33	−13	214 09 20									1429.02	1283.17
				60 38 01									
D													
Σ	1256 07 44	−77	1256 06 25		641.44	−108.03	+19	−107.84	+445.74	−11	+445.63		
辅助计算	$\alpha'_{CD}=\alpha_{AB}+6\times180°-\sum\beta_{测}=60°36'44''$　$f_x=\sum\Delta x_{测}-(x_C-x_B)=-19mm$　$f_y=\sum\Delta y_{测}-(y_C-y_B)=+11mm$ $f=\sqrt{f_x^2+f_y^2}=\pm22mm$　$f_{\beta_{允}}=\pm60\sqrt{n}=\pm60\sqrt{6}=\pm147''$　$\lvert f_\beta\rvert<\lvert f_{\beta_{允}}\rvert$　合格　$K=\frac{f}{\sum D}=\frac{1}{29156}$　$K_{允}=\frac{1}{5000}$　$K<K_{允}$　合格												

是：当观测的是左角，则将角度闭合差反号平均分配到各左角上；当观测的是右角，则将角度闭合差同号平均分配到各右角上。按改正后的角度值，重新计算各边方位角。

4）计算坐标增量闭合差。

$$
\begin{aligned}
f_x &= \sum \Delta x-(x_{终}-x_{始}) \\
f_y &= \sum \Delta y-(y_{终}-y_{始})
\end{aligned}
\tag{11-11}
$$

5）计算各导线点的坐标值。按照公式：$x_{前}=x_{后}+\Delta x_{i改}$ 和 $y_{前}=y_{后}+\Delta y_{i改}$，计算各点坐标。最后推算出的终点 C 的坐标，应和 C 点已知坐标相同。如图 11-8 所示，观测的数据在图 11-8 已经中标注出来。计算过程填入表 11-2 中。

导线计算的目的是要计算出导线点的坐标，计算导线测量的精度是否满足要求。首先要查实起算点的坐标、起始边的方位角，校核外业观测资料，确保外业资料的计算正确、合格无误。

二、实训目的

掌握全站仪导线外业观测（水平角、水平距离）和内业计算的方法。

三、实训内容

用全站仪测 4 个导线点的闭合导线外业工作和内业计算。

四、实训计划

实训时数为 2 学时，每组 4 人。

五、实训仪器

全站仪一套，花杆一支对中杆及棱镜一套，各组自备粉笔，并打印指导书及记录表格。

六、技术要求

（1）水平角观测采取盘坐盘右一个测回的观测，盘左盘右角度值较差不大于 24″。

（2）角度闭合差要求 $f_\beta \pm 60''\sqrt{n}$。

（3）距离观测采取单向三次观测的形式，各测回观测较差不大于 3mm。

（4）导线相对闭合差 $K \leqslant 1/4000$。

七、注意事项

（1）选点时注意方便安置仪器，相邻导线点间应互相通视且便于量距，若边长较短，测角时应特别意提高对中和瞄准的精度。

（2）做好分工，有计划地进行实训，使每个同学能了解到整个过程的各个工序。

（3）注意爱护仪器，仪器取出箱子后，箱子盖要立即关上，并将仪器箱安置在干燥地点，仪器箱严禁坐人。请各组特别注意防止仪器及棱镜的镜头盖丢失，凡丢失者自行赔偿，领取仪器时务必检查镜头盖是否存在并当面与实训室老师沟通。

（4）观测程序及记录要严守规程。

（5）每半测回的角值观测完毕后立即算出，当场校核，完成记录，并附所测角草图。

（6）观测中注意勿拧轴座连接螺旋，以防轴座转动，导致错误。

八、成果提交

每组上交实训报告一份，包括合格观测数据和计算成果。

九、思考题

(1) 总结导线测量外业观测得步骤。

(2) RTK 使用过程中得注意事项。

导线测量水平角观测记录表

测回测站	竖盘位置	目标	水平度盘读数/(° ′ ″)	半测回角值/(° ′ ″)	一测回平均角值/(° ′ ″)	二测回平均角值/(° ′ ″)

续表

测回测站	竖盘位置	目标	水平度盘读数/(° ′ ″)	半测回角值/(° ′ ″)	一测回平均角值/(° ′ ″)	二测回平均角值/(° ′ ″)

导线测量水平距离观测记录表

边名	测量	读数/m	备注	边名	测量	读数/m	备注
往返测平均				往返测平均			
边名	测量	读数/m	备注	边名	测量	读数/m	备注
往返测平均				往返测平均			
边名	测量	读数/m	备注	边名	测量	读数/m	备注
往返测平均				往返测平均			
边名	测量	读数/m	备注	边名	测量	读数/m	备注
往返测平均				往返测平均			
边名	测量	读数/m	备注	边名	测量	读数/m	备注
往返测平均				往返测平均			

导线测量成果计算表

日期：　　　　天气：　　　　仪器：　　　　组长：　　　　组员：

点号	观测角 /(° ′ ″)	角度改正数 /(″)	改正后角度值 /(° ′ ″)	坐标方位角 /(° ′ ″)	距离 /m	坐标增量 Δ*x*			坐标增量 Δ*y*			纵坐标 *x* /m	横坐标 *y* /m
						计算值 /m	改正值 /mm	改正后的值 /m	计算值 /m	改正值 /mm	改正后的值 /m		
B													
1B													
2B													
3B													
4B													
1B													
1													
Σ													
辅助计算	$f_{\beta}=\sum\beta_{测}-360°=$　$f_{\beta允}=\pm10\sqrt{n}=\pm20''$			$f_x=\sum\Delta x=$　$f=\sqrt{f_x^2+f_y^2}=$			$f_y=\sum\Delta y=$　$k=\frac{f}{\sum D}=$		$k_{允}=\frac{1}{15000}$				

实训十二

全站仪的坐标测定和测设

一、知识链接

1. 启动应用程序

在开始应用程序之前，首先需要做程序开始前的准备（设置作业、设置测站和定向）。在用户选择一个应用程序（数据采集、放样、对边测量、面积测量、悬高测量）后，首先会启动程序准备界面。用户可以一项一项地进行设置。例如，在常规测量界面按“MENU，选择数据采集”，首先会显示如图 12－1 所示的数据采集程序准备界面。

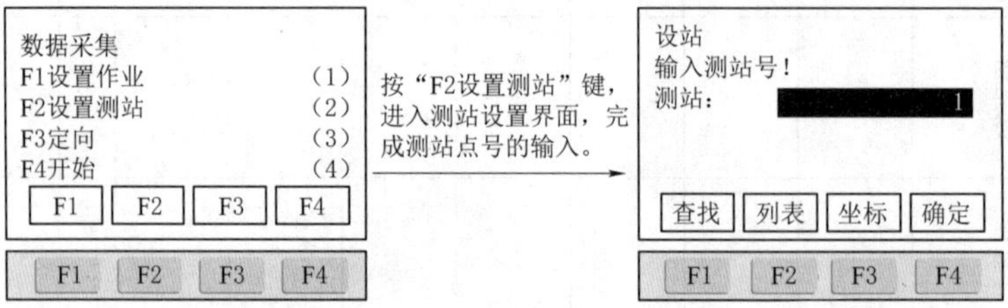

图 12－1　应用程序——测站设置

（1）设置作业：全部数据都存储在作业里，作业包含不同类型的数据（例如测量数据、编码、已知点、测站等）。可以单独管理，可以分别读出、编辑或删除。按“F1 设置作业”，进入设置作业界面，通过左右导航键选择作业，选定之后，按“F4 确定”。如果内存中没有欲使用的作业，按“F1 新建”可以新建一个作业，输入作业名和作业员（作业员可不输）。按“F4 确定”，设置作业完成。

（2）设置测站：在设置测站过程中，测站坐标可以人工输入，也可以在仪器内存中读取。在数据采集界面按“F2 设置测站”，进入设置测站界面。在此界面中输入测站点号，然后按“F4 确定”。输入仪器高，按“F4 确定”。

（3）定向：所有测量值和坐标计算都与测站定向有关。在定向过程中，可以手工方式，也可根据测量点或内存中的点调用其数据进行设置。定向分人工定向和坐标定向两种方法。

人工定向其操作步骤如下：数据采集界面按“F3 定向”，进入定向界面；按“F1 人工定向”，进入人工定向界面，输入测站点至后视点连线的方位角，并照准后视点，按“F4 是”完成定向。

坐标定向：通过已知坐标来定向，已知坐标可以人工输入，也可以在仪器内存中读取。

注意：后视点坐标至少需要平面坐标（X，Y），如有需要，也可输入高程。如果未定向且启动了一个程序，则仪器当前角度值就视为设定的定向值。

坐标定向的操作步骤如下：按“F3 定向”，进入定向界面。按“F2 坐标定向”，进入坐标定向界面，输入后视点编号，然后按“F4 确定”编号。此时屏幕显示计算出的方位角，照准后视点目标，按“F4 是”完成定向。定向实际上是确定度盘的初始度数。

2. 数据采集

数据采集程序用于测量坐标且没有点数限制。如图 12 - 2 所示数据采集操作程序。在按 F1 键，进入“数据采集”界面后，要按照图 12 - 3、图 12 - 4 所示的步骤，完成程序准备设置。照准目标，按“F4 测存”，完成目标点的坐标测量并保存至当前作业，进入下一个点的测量。点号自动加 1，点号可以手动更改。按 F2 键，可以查找当前测量过的点的坐标值。使用按固定键可以在坐标、距离、角度模式间切换坐标模式。

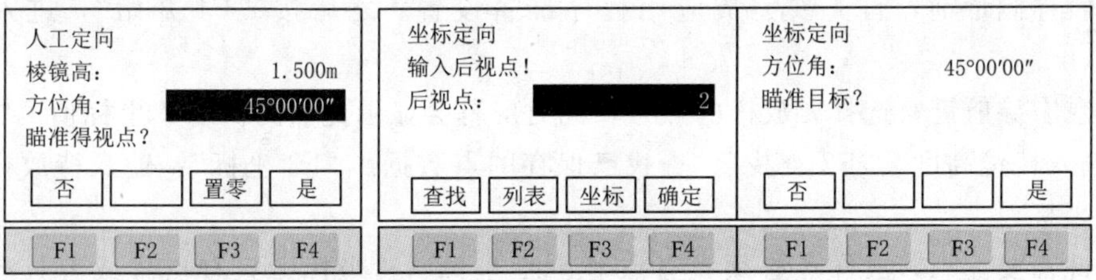

图 12 - 2　定向显示界面

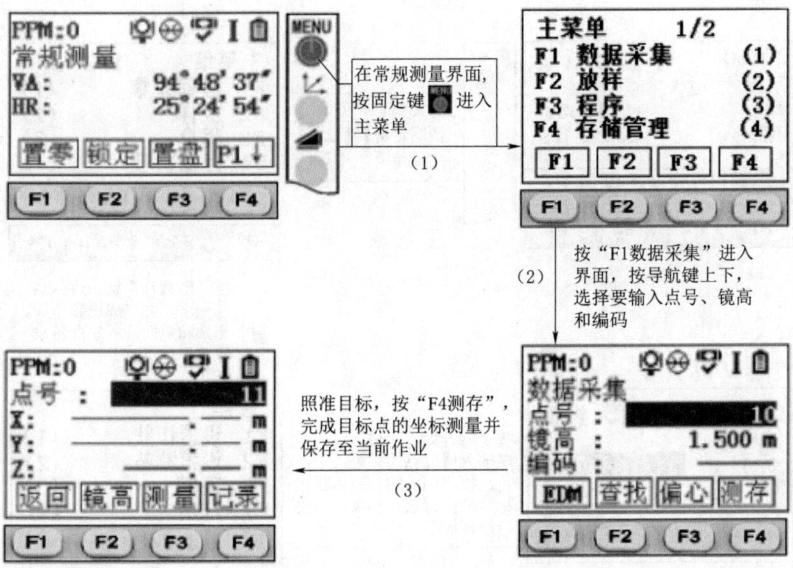

图 12 - 3　数据采集显示界面

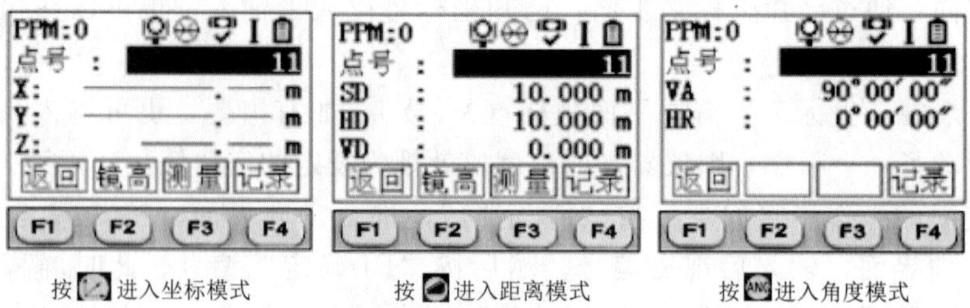

图 12－4　坐标、距离和角度模式切换

3. 放样

（1）进入放样程序界面。放样就是在实地测设出预先定义点即待放样点的位置。全站仪放样前可以将待放样点数据存放在仪器的作业中，或者放样时手动输入放样程序可以连续的显示当前点和待放样点之间的相对位置关系。根据施工环境和计算的数据的展现形式，可以使用不同方法放样点位，常用的方法有极坐标法、正交法和笛卡尔坐标法三种。

在程序测量前，首先要完成应用程序准备设置。之后按“F4 开始”，进入放样程序。

按左右导航键，选择要放样的点号，同时屏幕会显示此点的 X、Y 坐标值。“F1 镜高”：输入棱镜高度。“F2 查找”：查找已保存的点数据。“F3 坐标”：输入待放样点的点号和坐标。

在此需要注意，放样点必须具有点号、X 坐标、Y 坐标。只有点号或者只有点号和角度数据的点不可用于放样。

（2）极坐标法放样。在图 12－5 中操作步骤示意图中显示的最后屏，按“F4 开始”

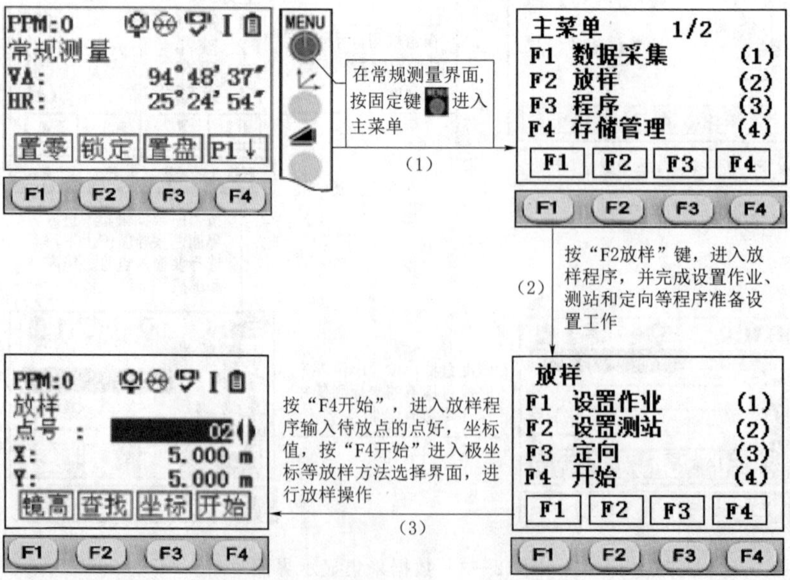

图 12－5　放样程序准备

放样当前选中的点，屏幕切换如图 12－6 所示的待放样点位置的计算界面，按照步骤操作，完成极坐标法的放样工作。

极坐标放样操作步骤如图 12－7 所示。

屏幕中的 HZ 为测站点至待放样点连线的方位角计算值，HD 为测站点至待放样点的水平距离计算值。屏幕下方的三个软功能键对应不同的放样方法。“F1 角度”：使用极坐标法放样，进入角度测量部分；“F3 正交”：使用正交法放样；“F4 坐标”：使用笛卡尔坐标法放样。

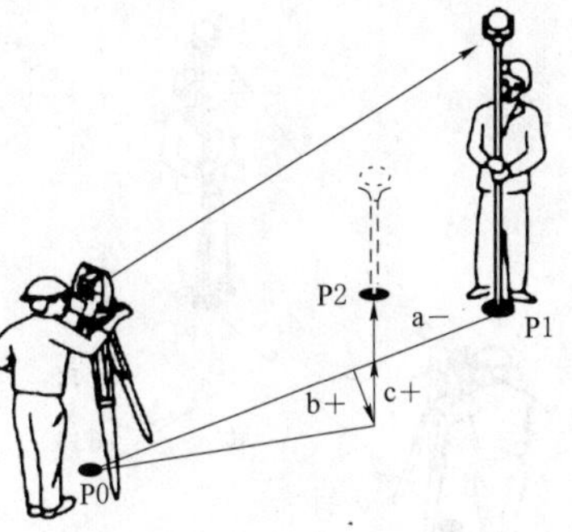

图 12－6　极坐标放样

P0—仪器测站；P1—当前位置；P2—待放样点；a－—dHD 平距差；b＋—dHZ 方向差；c＋—dH 高差

角度差归零定向：HZ 为计算方位角，dHZ 为当前水平角与计算方位角的差值。转动照准部，当 dHZ 接近 0°00′00″时，可锁住水平制动，使用水平

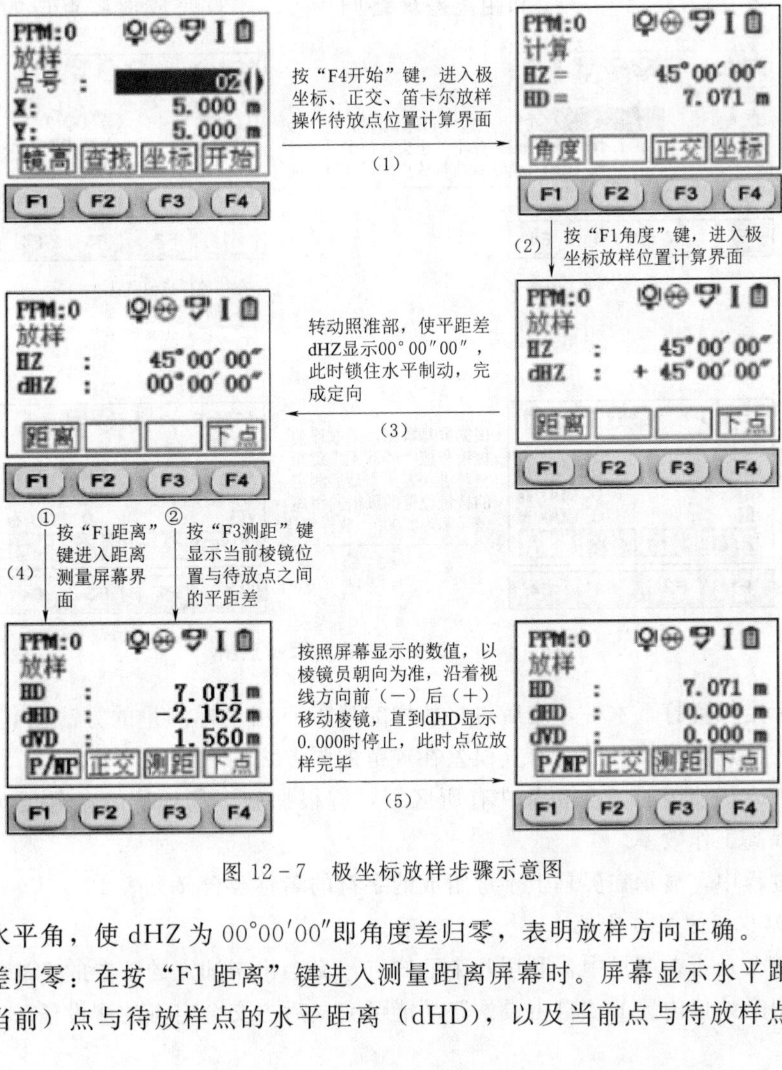

图 12－7　极坐标放样步骤示意图

微动调节水平角，使 dHZ 为 00°00′00″即角度差归零，表明放样方向正确。

距离差归零：在按“F1 距离”键进入测量距离屏幕时。屏幕显示水平距离（HD）和测量（当前）点与待放样点的水平距离（dHD），以及当前点与待放样点的垂直距

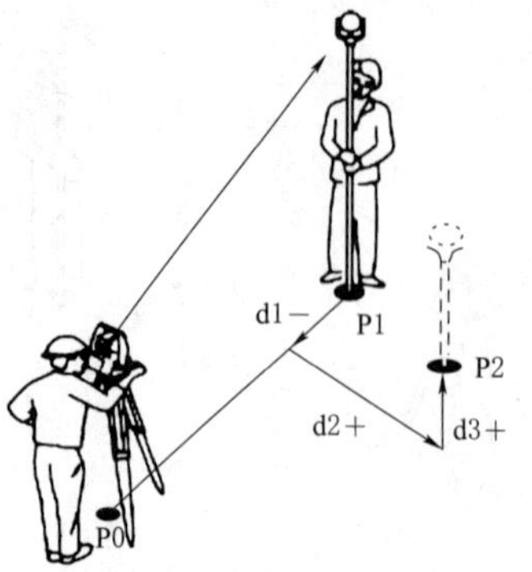

图 12-8　正交法放样示意图
P0—仪器测站；P1—当前位置；
P2—待放样点；d1——d 纵向距离差；
d1+—d 横向距离差；d3+—dH 高差

离（dH）。

按照显示的数值，以棱镜员朝向为准，沿着视线方向前（－）后（＋）移动棱镜，直到 dHD 显示接近 0，满足放样精度要求时，定点，完成该点位的放样。在当前屏幕下，按“F4 下点”进入下一个点位的放样。

（3）正交法放样。

在待放样点位置计算界面，按“F3 正交”进入如图 12-8 界面。操作步骤如图 12-9 所示。

（4）坐标放放样。坐标法放样的操作步骤如图 12-10 和图 12-11 所示。

三种方法实际上都是坐标，只是屏幕显示的内容的含义有所区别，极坐标是利用角度和距离来定位点。

三种放样方法的共同点是最终是数据显示的角度差和距离差最终归为 0，才算完成放样点位的定位结束，

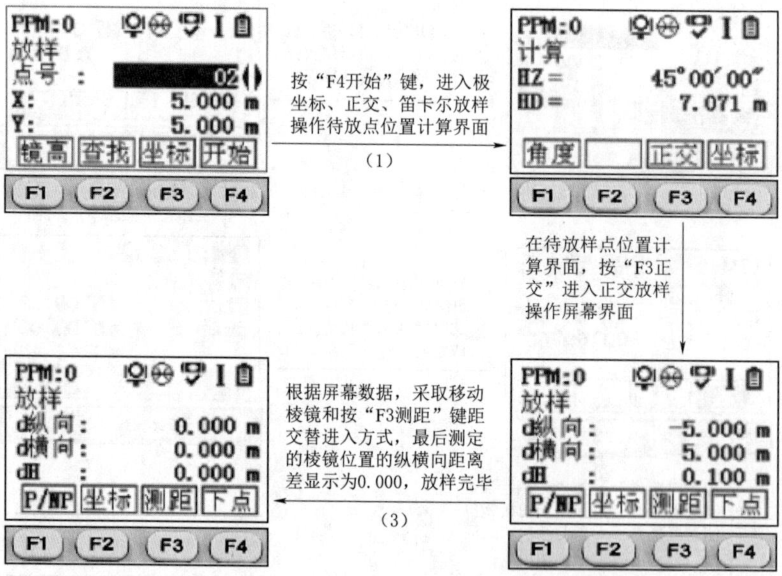

图 12-9　正交法放样步骤示意图

在棱镜的标定位置打下木桩，之后再将放样完毕的点用坐标测量的方法测其实测坐标，与放样用的该点坐标值对照，看其误差在规范的限差之内，以资校核。

这三种方法使用的场合和条件有所区别，应根据施工场地环境条件要灵活交替运用，以便提高工作效率。

放样过程中，显示在屏幕上字母组成的字符的名称及含义见表 12-1。

4. 全站仪后方交会法设点

后方交会是指在测量中，利用几个已知点，交会出未知点的位置的方法。在全站仪的程序中用全站仪内置的“自由设站”功能可完成后方交会定点的测设任务。当施工现

场有控制点与放样点不通视时或需要增设临时转点时，使用此项测量功能。

后方交会法分距离交会和角度交会两种，前者至少需要观测2个已知点，并且需要在已知点上立棱镜，后者至少有3个以上已知点坐标，已知点上安立普通观测标志即可。两者的操作过程基本一样。

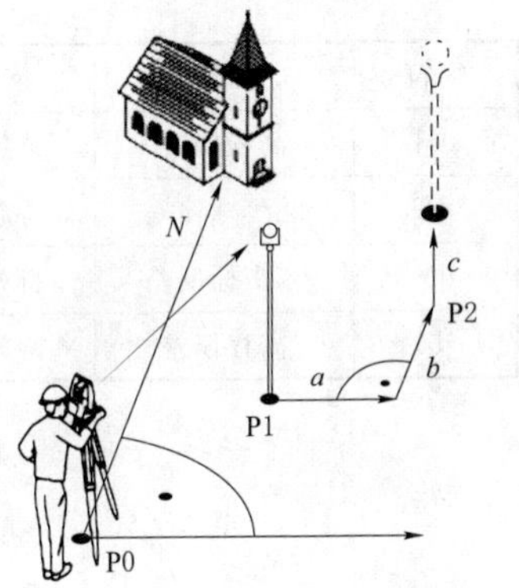

图12-10　坐标法放样

P0—仪器测站；P1—当前位置；P2—待放样点；a—dH东坐标差；b—dH北坐标差；c—dH高差

（1）安置全站仪。根据施工现场的实际需要，在适当的位置打上木桩，钉上铁钉作为点位的标志。在此点位上架设全站仪，对中整平，开机并自检初始化，输入当时的温度和气压。

（2）交会测定点的坐标。

1）将全站仪设置为放样模式，选择“新点”、功能，进入后方交会法功能模块。

2）输入自由设站点点号。

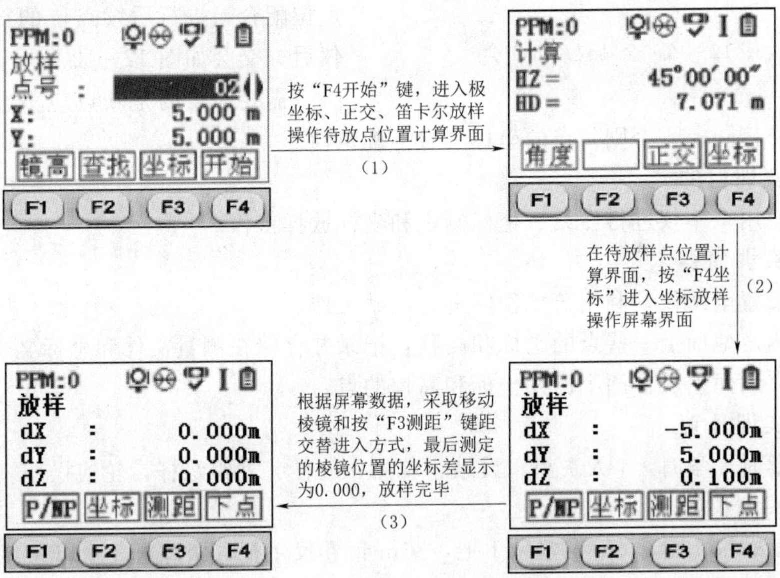

图12-11　坐标法放样步骤示意图

表12-1　**显示屏字符名称及含义表**

字符	名称	含　义	备注
dHZ	角度偏差	待放样点在当前测量位置点的右侧则显示正值	反之为负
dHD	平距偏差	待放样点比当前测量位置点远则显示正值	反之为负
dVD	高程偏差	待放样点高于当前测量位置点则显示正值	反之为负
d纵向	纵向偏差	待放样点比当前测量位置点远则显示正值	反之为负
d横向	垂直偏差	待放样点在当前测量位置点的右侧则显示正值	反之为负

续表

字符	名称	含　义	备注
dH	高程偏差	待放样点高于当前测量位置点则显示正值	反之为负
dX	北坐标偏差	待放样点比当前测量位置点远则显示正值	反之为负
dY	东坐标偏差	待放样点在当前测量位置点的右侧则显示正值	反之为负
dZ	高程偏差	待放样点高于当前测量位置点则显示正值	反之为负

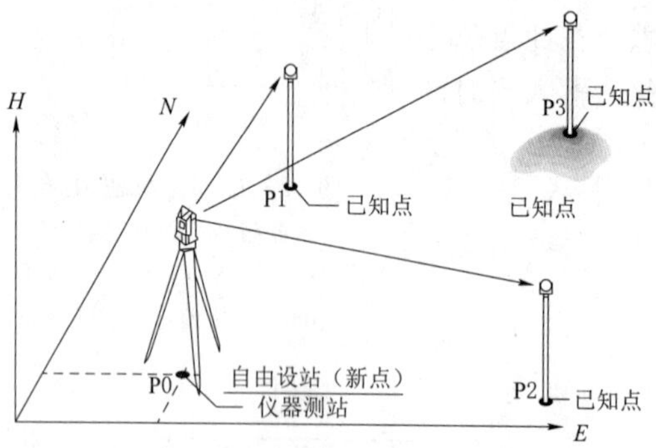

图 12－12　全站仪后方交会

3）输入第一个点的坐标和棱镜高，照准该已知点，选择“距离”或“角度”交会的对应键，按下相应的键，完成第一个点位的测量。

用同样的方法，分别观测第二、第三个点，观测完成后，仪器自动进行计算并且显示测量成果。该结果就是新设点位的坐标，利用这个坐标点，和其他点位配合，进行后续点位的放样。全站仪后方交会如图 12－12 所示。

需要注意的是新点应不在几个已知点构成的外接圆上，否则新点的坐标具有不确定性。

二、实训目的

练习使用全站仪进行设站、坐标测定和坐标放样工作。

三、实训内容

（1）安置全站仪，利用菜单程序进行设站工作。

（2）测定地面上一些点的坐标和高程，记录并存储在测量文件和坐标文件中。

（3）在地面上放样两个已知坐标和高程的点。

四、实训计划

实训学时 2 学时，4 人一组，设站、观测、放样、立跟踪杆，轮换操作。

五、实训仪器

每组全站仪 1 台，2m 钢卷尺 1 把，30m 钢卷尺 1 把，跟踪杆 1 个（带棱镜）。

六、技术要求

（1）观测和放样只需盘左观测。

（2）至少观测三个点的坐标。这三个点必须有某种关系，如在一条线上、成直角等，以方便检查测量成果。

（3）放样两个点后，应根据两点之间的计算距离检查实际放样在地面上点的距离，放样点距离测站点较近时，点间距在地面上不能超过 1cm。

七、成果提交

小组成员每人提交全站仪坐标测定和测设记录表。

八、注意事项

（1）在观测前，应认真听老师的介绍，认真阅读说明书上关于设站、测量和放样的介绍。

(2) 采用光学对中的方式安置仪器。

(3) 量取仪器高时应量到毫米位。

(4) 在测量时，跟踪杆应正确地立在被测点上。

(5) 放样时，应根据全站仪的提示先确定放样点的方向，然后指挥跟踪杆在这一方向上前后移动，直到满足要求为止。

九、思考题

(1) 全站仪测量有什么优点?

(2) 应用全站仪放样时如何才能较快的放样一个点?

全站仪坐标测定和测设记录表

日期：　　　　天气：　　　　仪器：　　　　组长：　　　　组员：

设站信息

点类型	坐标 /m		高程 /m	定向方位角
	X	Y	H	
测站点				
后视点				

测站（仪器高）	目标（棱镜高）	水平度盘读数 /(° ′ ″)	竖直度盘读数 /(° ′ ″)	竖直角 /(° ′ ″)	斜距 /m	平距 /m	高差 /m	X	Y	H

测站（仪器高）	目标（棱镜高）	X	Y	H	放样方位角（水平度盘读数） /(° ′ ″)	放样平距 /m	放样高差 /m	距离检查 /m

实训十三

地形图测绘

一、知识链接

（一）野外数据采集

大比例尺数字测图野外数据采集按碎部点测量方法，分为全站仪测量方法和GPSRTK测量方法。目前，主要采用全站仪测量方法，在控制点、加密的图根点或测站点上架设全站仪，全站仪经定向后，观测碎部点上放置的棱镜，得到方向、竖直角（或天顶距）和距离等观测值，记录在电子手簿或全站仪内存；或者是由记录器程序计算碎部点的坐标和高程，记入电子手簿或全站仪内存。如果观测条件可能，也可采用GPSRTK测定碎部点，直接得到碎部点的坐标和高程。野外数据采集除碎部点的坐标数据外还需要有与绘图有关的其他信息，如碎部点的地形要素名称、碎部点连接线型等，由计算机生成图形文件并进行图形处理。为了便于计算机识别，碎部点的地形要素名称、碎部点连接线型信息也都用数字代码或英文字母代码来表示，这些代码称为图形信息码。根据给以图形信息码的方式不同，野外数据采集的工作程序分为两种。一种是在观测碎部点时，绘制工作草图，在工作草图记录地形要素名称、碎部点连接关系，然后在室内将碎部点显示在计算机屏幕上，根据工作草图，采用人机交互方式连接碎部点，输入图形信息码和生成图形。另一种是采用笔记本电脑和pda掌上电脑作为野外数据采集记录器，在观测碎部点之后，对照实际地形输入图形信息码和生成图形。

大比例尺数字测图野外数据采集除硬件设备外，需要有数字测图软件来支持。不同的数字测图软件在数据采集方法、数据记录格式、图形文件格式和图形编辑功能等方面会有一些差别。

（1）数据记录内容和格式。大比例尺数字测图野外采集的数据包括一般数据，如测区代号、施测日期、小组编号等。

（2）仪器数据，如仪器类型、仪器误差、测距仪加常数、乘常数等。测站数据，如测站点号、零方向点号、仪器高、零方向读数等。

（3）方向观测数据，如方向点号、目标的觇标高、方向、天顶距和斜距的观测值等。

（4）碎部点观测数据，如点号、连接点号、连接线型、地形要素分类码、方向、天顶距和斜距的观测值以及觇标高（或者是计算的 x、y 坐标和高程）等。

（5）控制点数据，如点号；类别；x、y 坐标和高程等。

为区分各种数据的记录内容，用不同的记录类别码放在每条记录的开头来表示。各种数据需要规定它们的字长，根据数据的字长和数据之间的关系，确定一条记录的长度。每条记录具有相同的长度和相同的数据段，按记录类别码可以确定一条记录中各数据段的内容，对于不用的数据段可以用零填充。

表 13-1 是一种数据记录格式，分为 8 个数据段。A1 表示记录类别，后面的记录按记录类别表示相应的内容，例如一条碎部点记录，A2 表示点号，A3 表示连接点号，A4 表示线型和线序，A5 表示地形要素代码，A6、A7、A8 分别表示碎部点的 x、y 坐标和高程。

表 13-1　　数据记录格式

A1	A2	A3	A4	A5	A6	A7	A8	…

（二）地形图要素分类和代码

按照 GB 14804—93《1：500，1：1000，1：2000 地形图要素分类与代码》标准，地形图要素分为 9 个大类：测量控制点、居民地和垣栅、工矿建（构）筑物及其他设施、交通及附属设施、管线及附属设施、水系及附属设施、境界、地貌和土质、植被。地形图要素代码由四位数字码组成，从左到右，第一位是大类码，用 1～9 表示，第二位是小类码，第三、第四位分别是一、二级代码。例如一般房屋代码为 2110，简单房屋为 2120，围墙代码为 2430，高速公路为 4310，等级公路为 4320，等外公路为 4330 等。

（三）连接线代码

除独立地物外，线状地物和面状地物符号是由两个或更多的点连接起来构成。对于同一种地物符号，连接线的形状也可以不同。例如房屋的轮廓线多数为直线段的连线，也有圆弧段。因此在点与点连接时，需要有连接线的编码。连接线分为直线、圆弧、曲线，分别以 1、2、3 表示，称为连接线型码。为了使一个地物上的点由点记录按顺序自动连接起来，形成一个图块需要给出连线的顺序码，例如用 0 表示开始，1 表示中间，2 表示结束。

（四）图形信息码的输入

1. 输入方式

输入图形信息码是数字测图数据采集的一项重要工作，如果只有碎部点的坐标和高程，计算机处理时无法识别碎部点是哪一种地形要素以及碎部点之间的连接关系。因此要将测量的碎部点生成数字地图，就必须给碎部点记录输入图形信息码。输入图形信息码是在数据采集过程中完成的。根据草图将有关的图形信息码输入到相应的点记录中，这种方式，可减少野外观测时间，在野外不需要有显示图形功能的记录器，但不直观，在地形要素复杂的情况下易于出错。采用笔记本电脑或 pda 掌上电脑，可在现场输入图形信息码和显示图形，及时发现数据采集中的错误。

2. 公共点记录的增加

在连接线状地物面状地物轮廓边界线时，遇到同一点有 3 个或多于 3 个连接方向（这种点为结点），或者是同一个点属于不同的地形要素，在这种情况下就需要增加公共点记录。每个公共点记录只输点号和图形信息码，公共点记录的点号和原点号相同，图形信息码按实际输入，其他各项记录为零，但实际的值和原点号记录相应的记录项相同。

3. 图块各点连接方向

除控制点以及无方位的独立符号表示的地物外，应将所测地物点连接成图块。根据测图系统绘制地形图符号的要求，图块上各点应按规定的方向顺序连接，如某一测图系统对图块各点连接方向作如下规定：

（1）对于有方位的独立地物，如窑洞、矿井中的斜井和平峒等，在对应于地物符号中心的两侧对称各测一点，所绘地物符号位于连线的右侧。

（2）对于围墙、陡坎、栏杆等线状地物，连接各轮廓点，短线符号绘在连接方向的右侧。而对双线道路、河流等两侧应分别连接，并使另一侧位于连接方向的右侧。

（3）对于房屋、池塘、地类界等闭合的面状符号，按顺时针方向连接各轮廓点。

（4）对于一些特殊图块，必须按系统规定的顺序连接，如台阶、双线桥、依比例的地下出入口等图块。

（五）工作草图

在数字测图野外数据采集中，绘制工作草图是保证数字测图质量的一项措施。工作草图是图形信息编码碎部点间接坐标计算和人机交互编辑修改的依据。

在进行数字测图时，如果测区有相近比例尺的地图，则可利用旧图或影像图并适当放大复制，裁成合适的大小作为工作草图。在这种情况下，作业员可先进行测区调查，对照实地将变化的地物反映在草图上，同时标出控制点的位置。这种工作草图也起到工作计划图的作用。在没有合适的地图作为工作草图的情况下，应在数据采集时绘制工作草图。工作草图应绘制地物的相关位置、地貌的地性线、点号、丈量距离记录、地理名称和说明注记等。草图可按地物相互关系一块块地绘制，也可按测站绘制，地物密集处可绘制局部放大图。草图上点号标注应清楚正确，并和电子手簿记录点号一一对应，如图 13-1 所示。

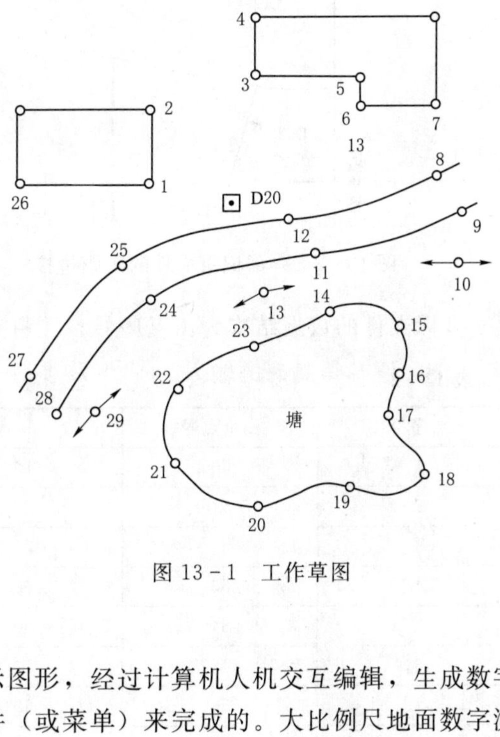

图 13-1 工作草图

（六）数字化成图内业工作

野外采集的碎部数据，在计算机上显示图形，经过计算机人机交互编辑，生成数字地形图。计算机地形图编辑是操作测图软件（或菜单）来完成的。大比例尺地面数字测图软件具有以下功能：

（1）碎部数据的预处理，包括在交互方式下碎部点的坐标计算及编码、数据的检查及修改、图形显示、数据的图幅分幅等。

（2）地形图的编辑，包括地物图形文件生成、等高线文件生成、图形修改、地形图注记、图廓生成等。

（3）地形图输出，包括地形图的绘制、数字地形图数据库处理及储存。

（七）数据的图幅分幅和图形文件生成

地面数字测图的碎部记录文件，通常不是以一幅图的范围作为一个文件来记录的，这是由于作业小组的测量范围是按河流、道路的自然分界来划分，同时记录文件的大小也取决于电子手簿的记录容量。因此，一个碎部记录文件可能涉及几幅图，或者一幅图由多个记录文件拼接生成。完整的碎部记录文件应该完成碎部点的坐标计算和编码，坐标计算和编码可以在原来的记录手簿上完成，或者是在计算机上完成。当碎部记录文件在计算机上显示的图形和实地地形（或工作草图）对照符合后，再按图幅生成图形文件。如图 13-2 所示，一幅图的图形文件由三个碎部记录文件拼接生成，其中 D01、D02、D03 是碎部点记录文件。

图形文件的形式，不同的测图系统有自己的设计。下面以图 13-3 为例，介绍一种由坐标文件、图块点链文件和图块索引文件表示的图形文件。

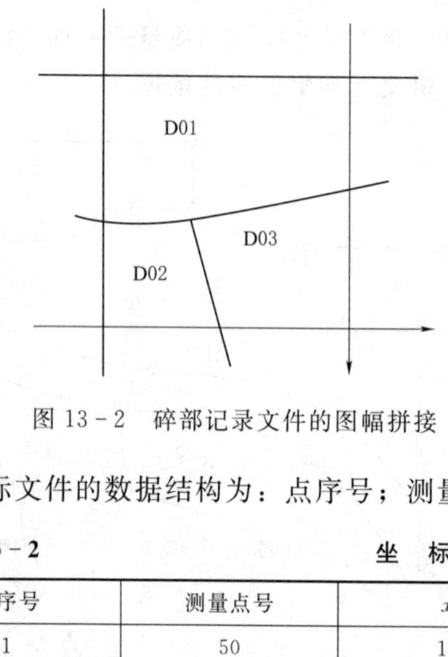

图 13-2　碎部记录文件的图幅拼接

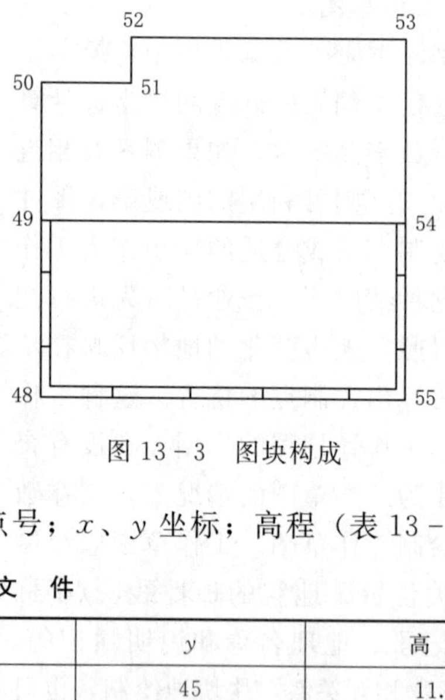

图 13-3　图块构成

坐标文件的数据结构为：点序号；测量点号；x、y 坐标；高程（表 13-2）。

表 13-2　　坐 标 文 件

点序号	测量点号	x	y	高 程
1	50	10	45	11.82
2	51	20	45	11.86
3	52	20	50	11.50
4	53	50	50	11.68
5	54	50	30	11.83
6	49	10	30	11.80
7	55	50	10	11.76
8	48	10	10	11.58

（八）等高线文件

按图幅形成离散高程点临时文件，离散点经构网、等高线追踪，得到表示等高线特征点的有序点列，存入等高线文件。等高线文件由点链文件和索引文件表示。

等高线点链文件的数据结构为：特征点链序号 x、y。

等高线索引文件的数据结构为：等高线序号、起始点链序号、特征点数、高程值、等高线代码。

等高线绘制时，由等高线索引文件获取某一等高线的起始点链序号和特征点数，在点链文件中，从起始点链序号开始，根据点数逐一读取特征点的坐标，然后用曲线光滑方法并根据等高线高程值绘制首曲线或者是计曲线。

(九) 图形的修改

图形修改的基本功能包括删除、平移、旋转等。

(1) 删除。删除各种地物符号、等高线和注记时，用光标选中删除对象，即从相应的文件中调出图形信息，然后用背景色绘制，并在文件中删除该记录。

(2) 平移。某些地物配置符号、注记，当其位置不合要求时，可以进行平移。在选中平移对象后，用光标拖动，将图形移到合适位置，即由光标的移动量求得在 x、y 方向上的移动量 Δx、Δy，并将图形原来的坐标加上 Δx、Δy，即

$$x'_i = x_i + \Delta x$$

$$y'_i = y_i + \Delta y$$

然后，删除原来的图形，按新的坐标重新绘制图形，并存入文件。

(3) 旋转。有方向要求的独立符号、某些土质符号和植被符号、注记，当其方向不合要求时，可以进行旋转。旋转是围绕符号的定位点旋转。在选中旋转对象后，给出方向线到合适的位置。设旋转角为 $\Delta\alpha$，则图形各点新的坐标为

$$x'_i = x_i \cos\Delta\alpha + y_i \sin\Delta\alpha$$
$$y'_i = y_i \cos\Delta\alpha + x_i \sin\Delta\alpha$$

然后，删除原来的图形，按新的坐标重新绘制图形，并存入文件。

(十) 注记

地形图上起说明作用的文字和数字称为注记。注记是地形图内容的基本要素之一，注记分为专有名称注记（如居民地、河流等）、说明注记（如房屋结构、树种等）和数字注记（如地面点高程、比高、房屋层数等）。

地形图上注记的字体、大小、字向、字空、字列和字位均有规定。注记的绘制一般通过人机交互完成。注记内容，除一部分（如等高线计曲线高程、高程点高程等）可从文件中调出外，大多数将通过键盘输入。由注记参数对话框选择字体、大小、字空等参数，然后由游标选择注记位置后，绘制注记。如果注记的位置不合适，可以通过平移、旋转、改变注记位置来调整。

(十一) 图廓生成

图廓的内容包括内外图廓线、方格网、接图表、图廓间和图廓外的各种注记等。其中，图形部分按图幅的大小由程序自动绘制。各种注记，其内容有些从文件中调出（如比例尺、图廓间的方格网注记等），有些通过键盘输入，然后按注记规定的位置、字体、

大小、字空绘制。

（十二）绘制地形图

大比例尺地形图在完成编辑后，可储存在计算机内或其他介质上，或者是由计算机控制绘图仪绘制地形图。

绘图仪可分为矢量绘图仪和点阵绘图仪。矢量绘图仪又称有笔绘图仪，绘图时逐个绘制图形，绘图的基本元素是直线段。点阵绘图仪又称无笔绘图仪，这类绘图仪有喷墨绘图仪、激光绘图仪等。绘图时，将整幅矢量图转换成点阵图像，逐行绘出，绘图的基本元素是点。

由于点阵绘图仪的绘图速度较矢量绘图仪快，因此，目前大比例尺地形图多数采用属于点阵绘图仪的喷墨绘图仪绘制。

二、实训目的

练习使用全站仪和 RTK 进行地形图测绘，并进行内业成图。

三、实训内容

（1）平面控制测量：对测区进行控制点的布设并进行测量。

（2）高程控制测量：四等水准测量。

（3）碎部测量：用 RTK 对测区内的碎部点进行数据采集。

四、实训计划

实训学时为 30 学时，4 人一组。

五、实训仪器

全站仪一套，棱镜及棱镜杆 2 套，RTK 一套，2m 卷尺 1 个。

六、技术要求

（1）测图比例尺为 1∶500。

（2）导线测量要求一级导线测量标准。测角采取测回法两个测回观测，两测回较差不超过 12″，测距采取往返观测，单向 3 次观测，测距较差不超过 3mm，角度闭合差要求 $f_\beta \leqslant \pm 4\sqrt{n}$。

（3）导线全场相对闭合差要求 $K \leqslant 1/15000$。

七、成果提交

（1）每小组测绘一套校园地形测绘电子数据表。

（2）提交一套由南方 cass 软件生成的 .dwg 格式的电子地形图资料。

八、注意事项

（1）实训中学生应严格遵守仪器借领与使用、测量资料的记录要求的有关规定。

（2）实训中应加强团结。小组内、各组之间、各班级之间都应团结协作，以保证实训任务的顺利完成。

（3）实训期间要特别注意仪器的安全。各组要指定专人妥善保管。每次出工和收工都要按仪器清单清点仪器和工具数量，检查仪器和工具是否完好无损。发现问题要及时向指导教师报告。

九、思考题

（1）RTK 在作业过程中的优缺点是什么？

（2）作业过程中控制测量的意义是什么？

地 形 图 测 绘 草 图

地形图测绘草图

实训十四

渠 道 测 量

一、知识链接

1. 渠道测量阶段

从工程项目的角度看，渠道工程项目实施的中期包括规划、设计、施工和竣工四个阶段。渠道工程项目中期阶段的渠道测量包括踏勘选线、勘测设计和施工放样三个阶段。

(1) 踏勘选线阶段。渠道选线的任务就是要在地面上选定渠道的合理路线，标定渠道中心线的位置。选线阶段一要考虑渠道沿线的自然条件，包括地形、地质、土壤、水文等因素，还要考虑灌溉渠道应位于灌区地势较高处，以便自流引水灌溉；而是排水在地势较低处。规划选线的过程分为室内图纸选线、实地选线、方案论证三个阶段。

为了满足渠线的探高测量和纵断面测量的需要，在渠道选线的同时，应沿渠线附近每隔 1～3km 在施工范围以外布设一些水准点，并组成附和或闭合水准路线。水准点的高程一般采用三等或四等水准测量的方法测定。在公路上常称为基平测量。

水准点一般设置在距中线 50～100m，埋设在不易破坏之处。其间隔密度为山区 0.5～1km；平原 1～2km。另外在路线起终点和重要工程处间隔每 5km 应埋设永久性水准点。

高程测量一般采用附合水准路线，使用不低于 DS3 精度的水准仪或全站仪施测。测量方法有水准测量和三角高程测量两种，前者按三、四等水准测量规范进行。要进行往返测，闭合差不超过 $6\sqrt{n}$ (mm)；后者按全站仪电磁波三角高程测量（四等）规范进行。

(2) 勘测设计阶段。勘测阶段分为初测和定测两个阶段。初测阶段主要工作有控制测量和带状地形图的测绘。为工程设计、施工和运行管理提供完整的资料和依据；定测阶段主要是根据定线阶段的设计数据，完成中线测量和后续的纵、横断面测量。

(3) 施工放样阶段。渠道的施工放样阶段是根据施工图纸及有关资料，在实地放样渠道的中、边桩、边坡桩及其曲线的细部点位，指导工程施工。

施工阶段完成，进入工程竣工阶段，者期间还有修坡整形桩及部分渠段护坡桩的测设任务。

2. 渠道中线测量

中线测量的任务是根据选线所定的起点、转折点及终点，通过量距测角把渠道中心线的平面位置在地面上用一系列的木桩标定出来，如图 14-1 所示。

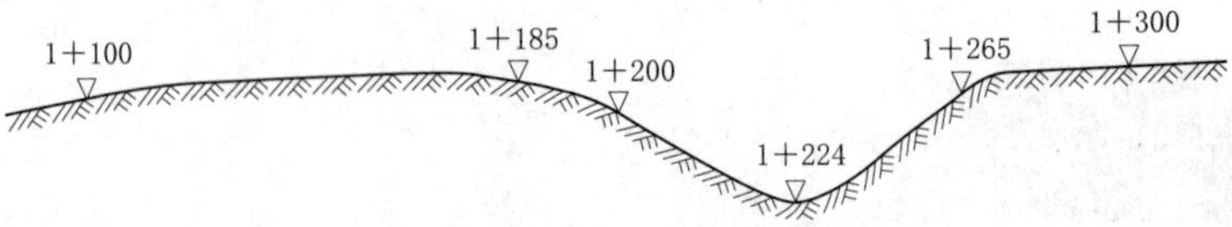

图 14-1　路线跨沟时的中心桩设置图

首先根据设计图纸上的定线设计数据，然后到实地上标出中线的起点、转折点（交点桩）、中点，之后用钢尺或全站仪测定中线的长度，并将其在地面上的里程桩标定出来的过程，称为中线测量。中线测量目的是要确定路线的线形。

（1）测设中线交点桩。交点桩的确定包括测定有实地埋点和图上定点两种方法：前者是在踏勘阶段选线过程中，根据实际情况，直接在现场埋点标记；后者是根据地形度，在图纸上确定交点桩的位置。

对于测定有实地埋点法，必须测定交点的坐标，为以后的路线恢复以及绘制路线平面图使用；图上定点法不但要根据图纸上的交点桩的定位条件测设出交点的位置，而且还要测定其坐标。测定交点桩的位置及其坐标的方法可采用极坐标法、直角坐标法、方向交会法或距离交会法等方法，并做好标记。

（2）测定转折角。当渠道、管道、道路的转折角大于 6°时，应在交点处架设仪器测定转角，如图 14-2 所示。

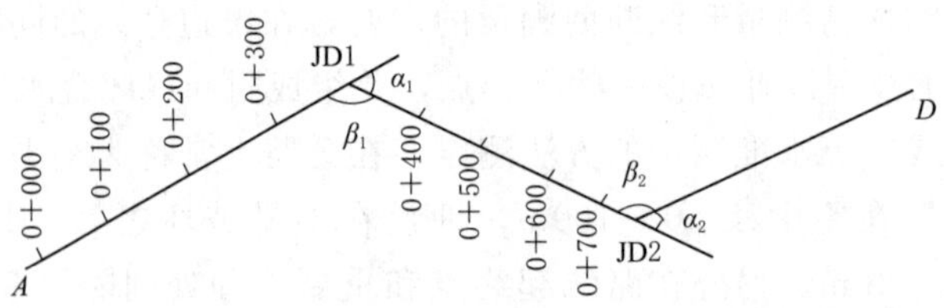

图 14-2　渠道（路线）中线示意图

转角 α 的测定方法为：将经纬仪安置在交点位置，对中整平后，照准某一交点或转点所在的直线方向，读盘配置 0°00′00″，然后转动照准部瞄准另一个交点或转点方向，测出两个方法的夹角 β，由公式 $\alpha=180°-\beta$ 计算出转角值。此时注意转角的左右偏转。这样测定转角的方法是要在测定出转角的同时，定出交点处角分线方向。一次架立仪器同时完成两项工作内容。测定时尽量以正镜操作为主，方便，容易检查错误。

（3）测设里程桩和加桩。当渠道路线选定后，首先在实地标定其中心线的位置，并实地现场钉桩标定，定线的工具是利用花杆或经纬仪。在进行定线时，一边定线，一边沿线埋设里程桩。桩间距为 50m 或 100m。起点桩号为 0＋000，以后各桩一次为 0＋100、0＋200、0＋300、…，“＋”号前的数字为千米数，“＋”号后面为米数，可以带小数点。该数字表示的是该点到起点的里程，如果在相邻两个里程桩之间有重要的地物或地形坡度突变处，都要增钉木桩，由于该桩到起点的距离不是规定间距的整数倍，故称为加桩。里程桩一般均有 50mm×50mm，长 30～40cm 的木桩打入地下，桩头露出地面 5～10cm。标注的表示里程的数字应朝向起点，用红油漆主记。

(4) 确定起点里程。起点里程记为 0+000，其确定方法是将水准尺在设计的起点高程的概略位置沿着山坡上下移动，直到仪器中丝对准所要的尺读数为止，此点即为渠道的起点桩位。采用同样的方法测设出其他各里程桩的位置。

渠道纵横断面测量的目的是了解渠道沿线的地形起伏情况，为渠道设计和工程量计算提供依据。

(5) 探测中心桩。在坡地定中或山区进行环山渠道的中线测量时，为了使渠道以挖方为主，将山外侧渠堤顶的一部分设计在地面以下（图 14-3），此时一般要用水准仪来探测中心桩的位置。首先根据渠首引水口高程，渠底比降、里和渠深（渠道设计水深加超高）计算堤顶高程，而后用水准测量探测该高程的地面点。例如渠首引水口的渠底高程为 74.81m，渠底比降为 1/2000，渠深为 2.5m，在 0+500 的堤顶高程为 $74.81-500\times 1/2000+2.5=77.06$(m)。

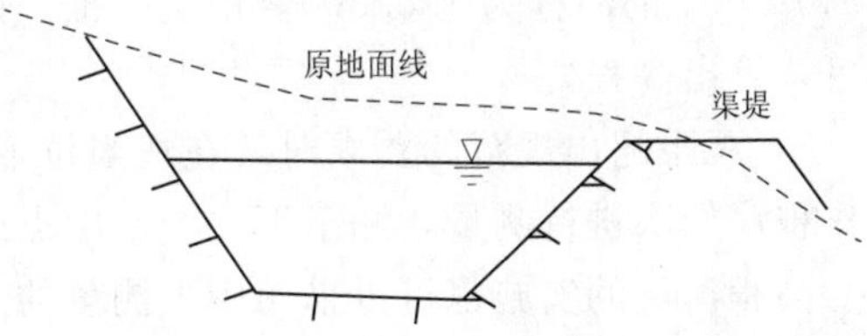

图 14-3　环山渠道断面图

如图 14-4 所示，由 BM1（高程为 76.605m）接测里程为 0+500 的地面点 P1 时，测得后视读数为 1.482m，则 p 点上立尺的读数应为 $76.605+1.482-77.06=1.027$m，但实测读数为 1.785m，说明 P1 点位置偏低，应向高处（山坡里侧）移至读数恰为 1.027m 时，即得堤顶位置，根据实地地形情况，向里移一段距离（小于等于渠堤到中心线的距离），钉下 0+500 里程桩。按此法继续沿山坡接测延伸渠线。

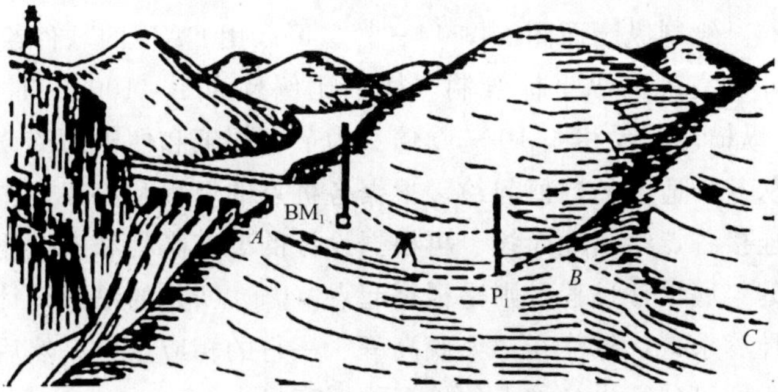

图 14-4　环山渠道中心桩探测示意图

3. 渠道纵断面测绘

纵断面测量是沿地面上标定出来的渠道中心线，用水准测量的方法，测定出各中桩和加桩的地面高程，为绘制纵断面图提供高程数据。

(1) 外业工作。从一个水准点出发，按普通水准测量的要求，用"视线高法"测出该测段内所有中桩地面高程，最后附合到另一个水准点上。

以 3～4 人为一组，以小组为单位，领取仪器后，在实际的场地，进行普通水准测量，测出各里程桩所在位置的地面高程，将数据填入普通水准测量表格中，边测量，边计算。具体操作过程如下所述：

1）首先将远处高程控制网上的已知水准点的高程引测到渠道 0km 附近的临时水准点 BM-1 上。

2）在临时水准点和 K0＋000km 桩上分别立上水准尺。瞄准后视的临时水准点 BM-1，精平后在水准尺上读取后视读数为 1.852，记入水准测量记录表中。旋转望远镜，瞄准前视点 0km 处的水准尺，精平后读取前视读数为 0.66，记入表格。同时，计算 K0＋000 的高程为 158.860，依次类推。读出其他各里程点的间视度数，精确到厘米即可，算出高程。

3）视距超出规范的要求时，在适当位置，设置转点 TP1，移动仪器，重复上述 2）操作程序依次进行测量，测至下一个水准点或终点为止。

高程测量的实施也可以采用中平测量的方法进行，如图 14-5 所示。测量中除去要采集高程外，还要定出交点、转交和表示建筑物如桥梁、道路等的位置加桩。

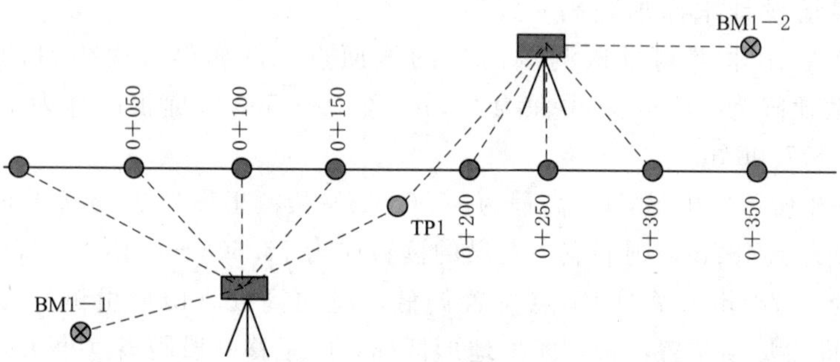

图 14-5　中平测量

（2）内业工作。绘制纵断面图（图 14-6）。可以用 CAD 的软件绘图，以水平距离即里程为横坐标，以高程为纵坐标绘制。横轴比例尺为 1∶1000～1∶10000，纵轴为 1∶50～1∶500，纵横比例尺相差 10～50 倍。为节省图纸和便于而阅读，图上的高程可不从零开始，而从某一适当的数值起绘。根据各桩点的里程和高程在图上标出相应地面点的位置，依次连接各点绘出地面线。再根据设计的渠首高程和渠道比降绘出渠底设计线。至于各桩点的渠底设计过程，则是根据起点（0＋000）的渠底设计高程、渠道比降和离起点的距离计算求得，标注在“渠底高程”一行的相应点处。然后根据各桩点地面高程和渠底高程，即可计算出各桩点的挖深或填高量。

4. 渠道横断面测绘

渠道横断面测量是指在工程建设现场利用测量仪器和工具，采集渠道各中桩处垂直于渠道中线方向上的变坡点高程和中距数据，依此绘制出横断面图，为渠道线路设计提供基础资料。

横断面的测量方法有花杆皮尺法、水准仪法、经纬仪视距法、全站仪法等。

其工作程序是，先确定横断面方向，再测定变坡点间的平距及高差。将数据记录到相应的表格之中，根据表中数据绘制出横断面图。其工作分为内业工作和外业工作。

（1）基本概念。

1）横断面：横断面是指垂直于路线纵向的剖面。

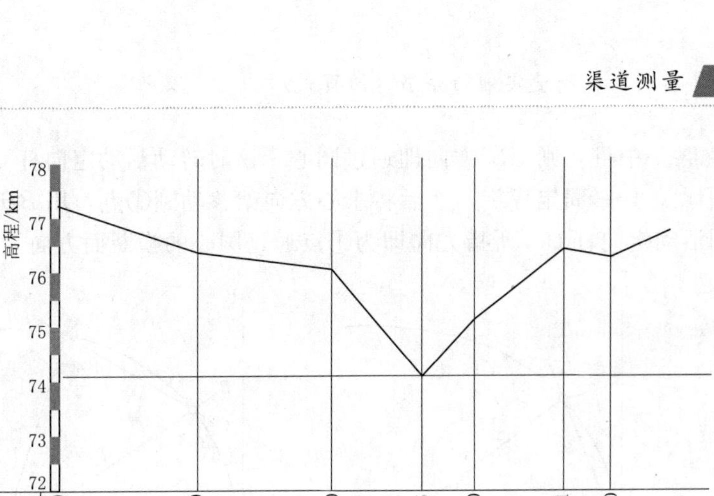

桩号	0+000	0+100	0+200	265.5	0+300	0+361	0+400
渠底比降	1:2000						
地面高程/km	77.31	76.68	76.28	74.19	75.80	76.72	76.34
渠底高程/km	74.81	74.76	74.71	74.68	74.66	74.63	74.61
挖深（+）	2.50	1.92	1.57		1.14	1.64	1.73
填搞（一）				0.49			

图 14-6　渠道纵断面图

2）横断面图：渠道横断面测量是利用测量仪器和工具，横断面上变坡点高程和其距离中心桩的水平距离，依据测量数据，按照一定的比例，绘制出的折线图，称为横断面图。为线路设计和施工提供基础资料。

（2）外业工作。

1）确定横断面方向。横断面的方向，在直线段处与中线垂直，采用普通方向架测定；在圆曲线段处，与切线方向垂直，采用求心方向架，如图 14-7 和图 14-8 所示。

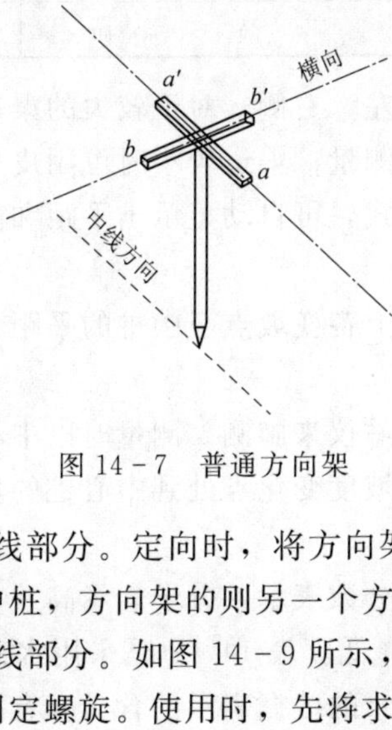

图 14-7　普通方向架

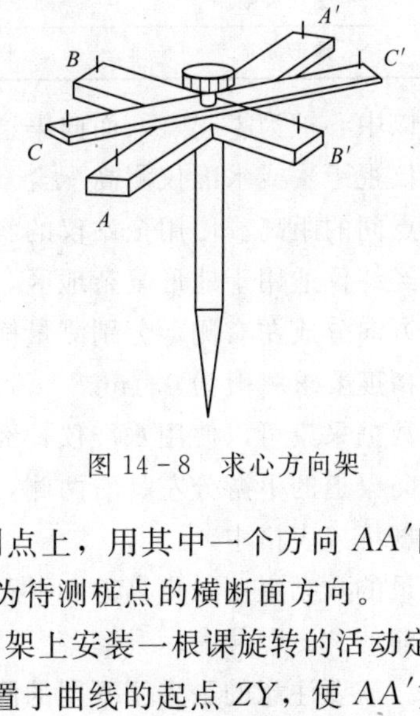

图 14-8　求心方向架

2）直线部分。定向时，将方向架置于待测点上，用其中一个方向 AA' 瞄准前方或后方某一中桩，方向架的则另一个方向 BB' 即为待测桩点的横断面方向。

3）曲线部分。如图 14-9 所示，求心方向架上安装一根课旋转的活动定向杆 CC'，中间加上固定螺旋。使用时，先将求心方向架置于曲线的起点 ZY，使 AA' 方向瞄准交点或直线上某一中桩，则 BB'方向即通过圆心，这时转动活动定向杆 CC'，使其对准曲线细部点①点，拧紧固定螺旋，然后将求心方向架移动到①点，用 BB'方向瞄准曲线起点 ZY，则活动定向杆 CC'所指方向即为①点通过圆心的横断面方向。

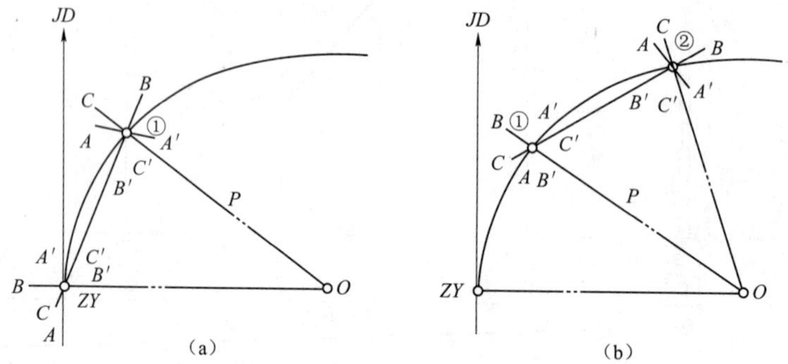

图 14-9　曲线上定横断面方向

欲求曲线西部点②横断面方向，可在①点横断面方向上设临时标志 P，再以 BB 方向瞄准 P 点，松开固定螺旋，转动活动定向杆，瞄准②点，拧紧国定螺旋。然后将求心方向架移置②点，使方向架上 BB'方向瞄准①点木桩，这时，CC'所指方向即为细部点②的横断面方向。

4）测出坡度变化点间的距离和高差。横断面测量方法有：水准仪法、经纬仪法、测杆皮尺法和全站仪法四种，几种方法的比较见表 14-1。

表 14-1　　　几种测量方法比较表

仪器	使用场合	工作程序	精度	效率	备注
水准仪法	断面较窄，地势平坦地区	测高、量距、记录	高	低	钢尺配合
经纬仪法	地形变化大的山区	视距、测垂直角、填表、计算	高	中	
测杆皮尺法	不受地势限制	测距、量高、填表	低	简便、迅速	钢尺、花杆
全站仪法	地形复杂	测量、记录	高	高	棱镜

测量时以中心桩为零起点，面向渠道的下游分左、右侧。对于较大的渠道可采用全站仪、经纬仪视距法或水准仪测高配合量距法进行测量；渠道较小时可用皮尺拉平配合测杆读取两点间的距离。使用全站仪的斜距测量模式，可自动显示出平距和高差，直接填表即可；经纬仪适用于地形复杂地区，精度高。

按前进方向分成左右侧，分别测量横断面方向上各变坡点至中桩的平距及高差。平距及高差的精度要求一般为 0.1m。

横断面数据采集可以使用水准仪，经纬仪或全站仪来施测。测量时以中心里程桩为零起点，面向渠道的下游分左、右两侧，分别测出坡度变化点处到中心桩的水平距离和高差，将数据填入表格中。

野外测量的数据主要采集高差和平距，数据用分数表示，分子表示高差，分母表示平距，高差前的“+”号表示升高，“－”号表示降低。表 14-2 是采用水准仪法测量的记录格式。需要注意的是采用不同的测量方法记录的数据表示的含义会有所不同。有用左（右）侧相邻测点平距和邻点高差表示和用左（右）侧点的平距至中桩的平距和高差表示的两种格式，注意测量方案里的说明。

表 14－2　　横断面测量记录表（水准仪法）

左侧横断面（h/d）				桩号	右侧横断面（h/d）		
＋0.7/9.5	＋0.4/8	0.4/5.5	＋1.2/3.8	K5＋150	－0.3/0.9	＋1.3/5	＋1.1/8.3

5. 横断图绘制

根据采集到的横断面测量记录表（表 14－2）所示数据，绘制每个里程桩对应下的原地面横断面图。绘制过程如下：

（1）建立坐标系：以中桩地面为坐标原点，以平距为横坐标，高差为纵坐标。根据桩位的高程和设计的渠道底部高程的数值，适当确定纵横的坐标起始坐标值，便于绘图。

（2）确定比例尺：为计算横断面的面积和确定渠道的填、挖边界，横断面的纵向和横向的比例尺应相同，通常用 1：100 或 1：200。

（3）图形绘制：绘图时首先在毫米坐标方格纸上将中桩标在图中央，将横断面测量记录表中的相应里程桩的平距和高差作为坐标，在方格纸上用点标记出来，最后，把相邻点用直线连接起来，即绘出原地面横断图。如图 14－10 所示的地面线。

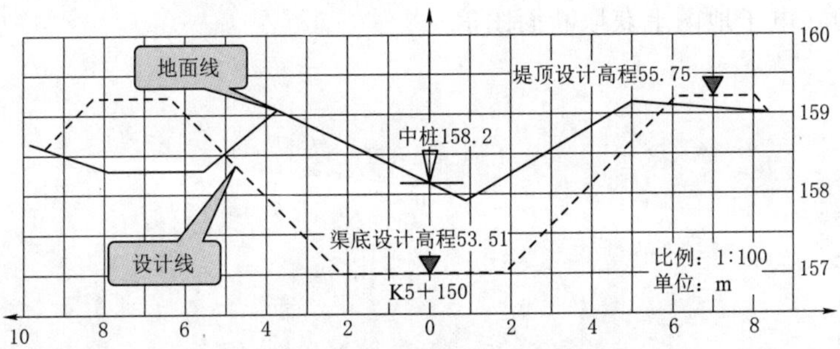

图 14－10　渠道横断面绘制成果图

6. 套绘设计断面图

在原地面横断图上将对应里程桩上的渠道设计图套绘到图上，套绘时注意使渠道设计中线要和原地面中桩重合，如图 14－10 所示设计线。根据套绘图就可以算出渠道的堤顶、堤肩、堤脚相对于中桩的水平距离及其各点的高程，为后期的施工放样提供数据。

二、实验目的

掌握应用水准仪按视线高法进行渠道纵断面测量的方法。

三、实验内容

设计一条 200m 长渠道的中线，测量其纵断面并绘制纵断面图（水平距离比例尺 1：1000，高程比例尺 1：50）。

四、实验计划

实验学时为 2 学时，4 人一组，观测 1 人、记录 1 人、立尺 2 人，轮换操作。

五、实验仪器

每组 DS3 水准仪 1 台，水准尺 2 把，尺垫 2 个，皮尺 1 把，铁锤 1 把，木桩及铁钉若干。

六、技术要求

（1）中线桩 20m 一个，根据具体地形增加地貌和地物加桩。

（2）纵断面水准测量的高程允许闭合差按五等水准测量的要求执行，其闭合差不得超过$\pm 10\sqrt{n}$mm（n 为测站数）。

（3）中线桩间距离测量精确到 0.1m。

（4）在纵断面测量时，后视和转点尺读数读至毫米，间视点尺读数读至厘米。

七、注意事项

（1）在读作为中间点的前视读数时因无检核条件，所以应认真仔细，以免出错。

（2）由于各桩高程要求不是很高，如果整条水准路线满足限差要求，可以不进行闭合差的调整。

八、成果提交

每组提交一份渠道中线测量记录表。

九、思考题

（1）如何应用全站仪进行纵断面的测量？

（2）如何在电子地图上获取断面图信息？

渠道中线测量记录表

日期：　　　　　　天气：　　　　　　仪器：

组长：　　　　　　组员：

测站	测点	后视读数/m	视线高/m	前视读数/m		高程/m	备注
				间视	转点		
	Σ						
计算校核							
成果校核							

实训十五

偏角法测设渠道圆曲线

一、知识链接

渠道、道路、供水、供气、输水管道等工程施工中，常常涉及线路拐弯的情形，那么在转弯即转折点处常用圆曲线来连接（图 15-1)。来满足平面布置、运行和使用的要求，是工程安全运行。

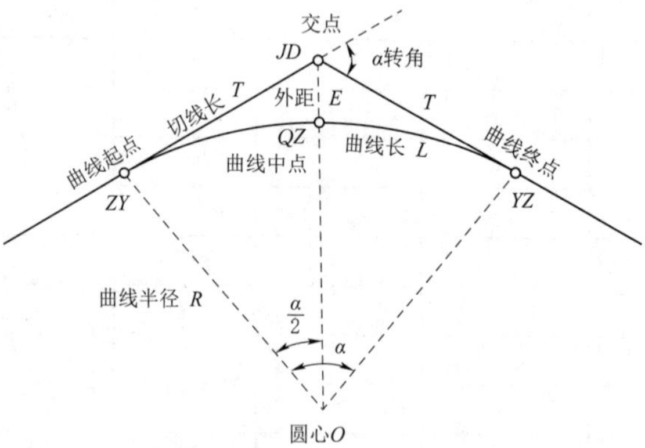

图 15-1 圆曲线

圆曲线的测设一般分两步进行，先测设曲线上起控制作用的 ZY、QZ 和 YZ 三个主点，称为主点测设，然后以主点为基础，计算细部加密点的测设数据，进行细部点测设，称为细部测设。圆曲线也可以根据线路上的导线控制点位依据，直接进行主点和细部点的测设。

1. 圆曲线主点的测设

(1) 主点元素的计算。

在已知转角 α 及半径 R 的情况下，线进行曲线要素的计算，为主点和细部点的计算，提供数据依据，计算公式如下：

切线长 $$T=R\tan\frac{\alpha}{2}$$

曲线长 $$L=R\alpha\frac{\pi}{180}$$

外矢距 $$E=R\left(\sec\frac{\alpha}{2}-1\right)$$

切曲差 $$D=2T-L$$

(2) 主点里程的计算。

$$ZY\text{ 里程}=JD\text{ 里程}-T;\quad YZ\text{ 里程}=ZY\text{ 里程}+L$$

$$QZ\text{ 里程}=YZ\text{ 里程}-L/2;\quad JD\text{ 里程}=QZ\text{ 里程}+D/2$$

(3) 圆曲线主点坐标。

圆曲线主点示意图如图 15-2 所示。

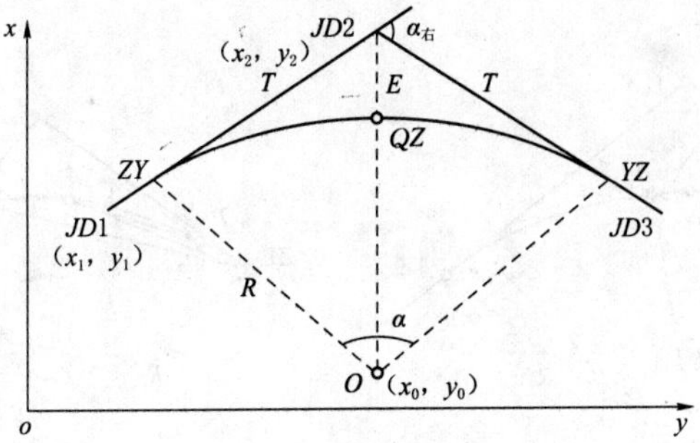

图 15-2 圆曲线主点示意图

计算公式如下：

$JD2$ 至 $JD1$ 的第一条方位角计算：$\alpha_{2-1}=\arctan\dfrac{y_1-y_2}{x_1-x_2}$

$JD2$ 至 $JD3$ 的第二条方位角计算：$\alpha_{2-3}=\alpha_{2-1}-(180°-\alpha)$

圆曲线起点 ZY 坐标计算：
$$x_{ZY}=x_2+T\cos\alpha_{2-1}$$
$$y_{ZY}=y_2+T\sin\alpha_{2-1}$$

圆曲线终点 YZ 坐标计算：
$$x_{YZ}=x_2+T\cos\alpha_{2-3}$$
$$y_{YZ}=y_2+T\sin\alpha_{2-3}$$

曲线中点坐标（x_{QZ}，y_{QZ}）由角分线方位角 α_{2-QZ} 和外矢距 E 计算得到。

$$x_{QZ}=x_2+E\cos\alpha_{2-QZ}$$
$$y_{QZ}=y_2+E\sin\alpha_{2-QZ}$$
$$\alpha_{2-QZ}=\alpha_{2-1}-\frac{180°-\alpha}{2}$$

2. 主点的测设

主点的测设可以用经纬仪或全站仪来进行，具体过程如下：

(1) 在 JD 架设仪器，照准路线的起始方向，沿此方向量取 T，打下曲线起点桩得 ZY 点。

(2) 照准路线的前进方向，沿此方向量取 T，打下曲线终点桩得 YZ 点。

(3) 后视 YZ 点，顺时针转动 $90°-\alpha/2$ 的角度得角分线方向，沿此方向自 JD 点量出外矢距 E，打下曲线中点桩得 QZ 点。

3. 圆曲线细部点的测设

当曲线的长度小于 40m 是，测设三个主点就可以满足施工需要。如果曲线较长，除了测设三个主点外，还要按照一定的桩距 l，在曲线上测设里程桩，来加密点位，这个工作称为圆曲线细部点测设。一般规定为：当 $R\geqslant 60$m 时，$l=20$m；当 30m$<R<$60m 时，$l=10$m；当 $R\leqslant 30$m 时，$l=5$m。圆曲线细部点加密桩的测设方法有以下几种：

(1) 偏角法。偏角法是利用偏角（弦切角）和弦长来测设曲线加密点的方法。根据测设时量取的弦长方式的不同，分长弦偏角法（图 15-3）和短弦偏角法（图 15-4）两种测设方法。

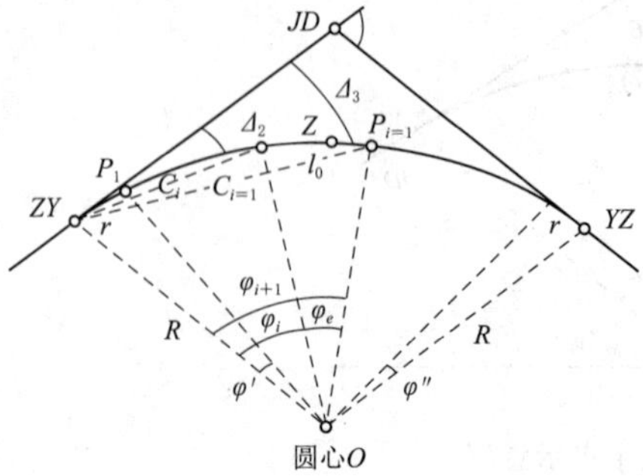

图 15-3　长弦量法

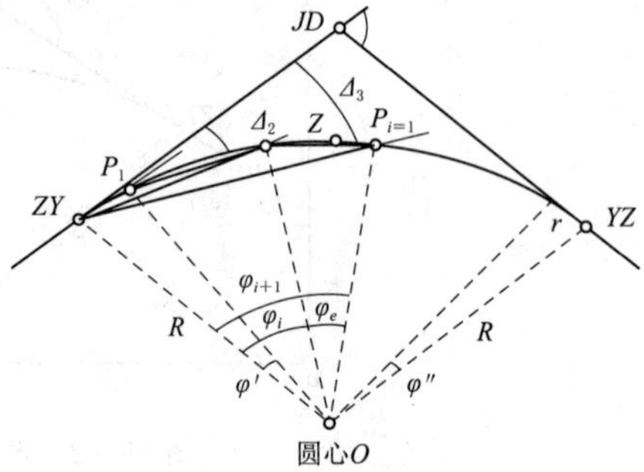

图 15-4　短弦量法

1）测设数据计算。计算曲线上各桩点至 ZY 或 YZ 的弦长 c_i 及其与切线的偏角 Δ_i 再分别架仪于 ZY 或 YZ 点，拨角、量边。按整桩号法测设，全部圆弧被分成首尾两端不等的零头弧和整桩号段所对的整数弧段三类，对应的圆心角计算公式如下：

首段弧所对的圆心角计算公式：$\phi_1=\dfrac{l_1}{R}\times\dfrac{180°}{\pi}$

尾端弧所对的圆心角计算公式：$\phi_2=\dfrac{l_2}{R}\times\dfrac{180°}{\pi}$

中间整弧所对圆心角计算公式：$\phi=\dfrac{l}{R}\times\dfrac{180°}{\pi}$

偏心角（弦切角）计算公式为：$\Delta_i=\dfrac{\phi_i}{2}$

每段圆弧所对的弦长计算公式为：$C_i=2R\sin\Delta_i$

2）测设方法。对于长弦偏角，是将经纬仪或全站仪一次性安置在 ZY 点上进行放点，其步骤如下：

a. 将经纬仪置于 ZY 点上，瞄准交点 JD 并将水平读盘配置为 00°00′00″。

b. 转动照准部使水平读盘读数为里程桩 K4+920 的偏角度数 1°52′35″，从 ZY 点沿此方向量出弦长 $c_1=13.098$m，定出 K4+920 桩位。

c. 转动照准部，使水平读盘读数为里程桩 K4+940 的偏角度数 4°44′28″，由 ZY 点量取 33.098 或由 K4+920 量取弦长 19.992 与视线方向相交，定出该桩位。依次类推测设出其他里程桩。前者为长弦量法，后者为短弦量法，短弦法有量距的累计误差。

最后一个整里程中桩 K5+020 至 YZ 主点桩号为 YZ 点的距离应为 6.28m，以此来检查测设质量。

对于短弦偏角法，与长弦偏角法的区别在于量取弦长的方式不同。短弦偏角法是量取相邻桩点间的距离，以放设出的上一点为基准，量取下一点的距离，缺点是易产生累计误差。二者在仪器的操作方法和步骤没有什么区别，短弦法适用于圆曲线较长的场合。根据数据计算的格式和实际施工现场的条件，可以在 ZY 和 YZ 上分别安置仪器进行定点放样。调整数值，可以搬动仪器，在任一点进行放样。

(2) 切线支距法。切线支距法是以 ZY 或 YZ 为坐标原点，切线为 X 轴，过原点的切线的垂线为 Y 轴，建立的独立坐标系计算出各桩点坐标，以此来测设加密桩。

1) 测设数据计算　如图 15-5 所示，设圆曲线半径为 R，ZY 点到前半条曲线上各里程桩点的弧长为 l，所对的圆心角为

$$\varphi_i=\frac{l_i}{R}\times\frac{180^\circ}{\pi}$$

该桩点的坐标为

$$\begin{cases}x_i=R\times\sin\phi_i\\y_i=R(1-\cos\phi_i)\end{cases}$$

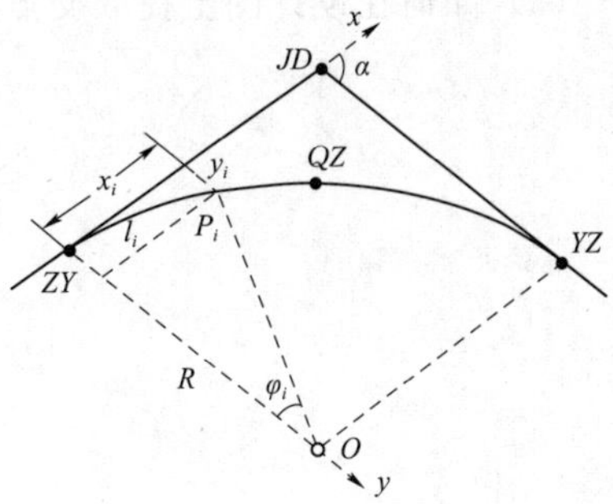

图 15-5　切线支距法

2) 测设方法。

a. 在 ZY（或 YZ）点安置仪器，照准 JD 或 ZD 定出切线方向，在此方法上用钢尺量取 x_1、x_2、x_3、…、各点坐标得垂足 N_1、N_2、N_3 等点。

b. 过垂足依次用经纬仪定出过 ZY 点的切线的垂线，沿着此方向量取各支距既得到曲线上个加桩点。

二、实验目的

掌握运用经纬仪或全站仪，利用偏角法测设渠道转弯处圆曲线的方法。

三、实验内容

已知条件：某渠道交点 JD_4 里程为 K4+968.43，右转角 $\alpha=34^\circ12'00''$，曲线半径为 $R=200$m，用偏角法计算放样数据并实地测设圆曲线。

四、实验计划

实验学时为 4 学时，4 人一组，观测 1 人、记录 1 人、立尺 2 人，轮换操作。

五、实验仪器

每组 DJ_2 经纬仪 1 台，50m 钢卷尺 1 把，花杆 1 根，2 寸铁钉 1 根，铁锤 1 把，木桩及小铁钉个 8 根。

六、技术要求

(1) 加密桩间距 20m。

(2) 桩位定位误差不在超过±50mm。

(3) 桩间距离测量精确到 0.01m。

七、注意事项

(1) 偏角法测设曲线桩分长弦和短弦法两种，施测时视现场的具体情况自选。

(2) 测设前必须要先计算放样数据，然后实地测设点位。

(3) 要掌握圆曲线的有关知识。

八、成果提交

(1) 偏角法测设计算表一份。

(2) 实地测设的曲线一条。

九、思考题

(1) 长弦偏角和短弦偏角法测设有什么区别？

(2) 如何利用电子表格计算测设数据？

(3) 如何在设计图上提取交点已知数据？

偏角法测设计算表（细部放样）

桩号	各点到 ZY 点的弧长	相邻桩点的弧长	偏角 Δ 值	长弦	短弦	备注
						ZY 点
						QZ 点
						YZ 点

实训十六

坐标法测设渠道圆曲线

一、知识链接

如图 16－1 所示，先计算各细部点在平面直角坐标系中的坐标，用全站仪测设，将仪器安置在平面控制点或路线的交点上，进入“放样”菜单，按照屏幕提示的操作步骤，输入测站点坐标和后视点坐标（或后视方位角）进行定向，再输入待放点的坐标，仪器自动计算出测设角度和距离，放样出细部点。

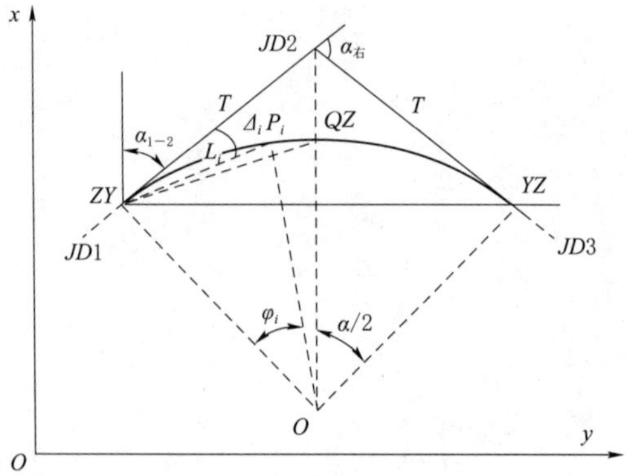

图 16－1　极坐标法测设加密点

（1）主点坐标计算（ZY 点）。

计算交点 $JD2$ 至 $JD1$ 的方位角：

$$\alpha_{2-1}=\arctan\frac{y_1-y_2}{x_1-x_2}$$

计算 ZY 坐标计算：

$$x_{ZY}=x_2+T\cos\alpha_{2-1}$$

$$y_{ZY}=y_2+T\sin\alpha_{2-1}$$

（2）计算 ZY 点至圆曲线上各细部点的方位角。设 ZY 点至曲线上某细部里程桩点的弧长为 l_i，其所对的圆心角、弦切角和每段弧所对的弦长为

$$\varphi_i=\frac{l_i}{R}\times\frac{180°}{\pi}$$

$$\Delta_i=\frac{\varphi_i}{2}$$

$$c_i=2R\sin\Delta_i$$

ZY 点至各细部点的方位角 α_{ZY-i}：

$$\alpha_{ZY-i}=\alpha_{1-2}+\Delta_i=\alpha_{1-2}+\frac{\varphi_i}{2}$$

（3）计算各细部点的坐标。根据 ZY 点到细部点的方位角和弦长，计算细部点的坐标：

$$\begin{cases}x_i=x_0+R\cos\alpha_{ZY-i}\\ y_i=y_0+R\sin\alpha_{ZY-i}\end{cases}$$

测设时，可在 ZY 点或交点上安置全站仪，输入两个已知点坐标或一点坐标及方位角，定向，进入放样菜单，输入待放点坐标，进行加密点的测设。

在这里，坐标的选取比较灵活，本例的坐标建立思路清晰，具有广泛性。实际使用中，可以灵活掌握，坐标原点可以选取在 ZY 点、QZ 点或 YZ 点处，以便与实际的施工环境相协调。

计算时，可以用电子表格计算，速度快，质量好，不易出错。如表 5－7 所示，是利用电子表格计算的，表中的角度以弧度为单位来表示。

二、实验目的

掌握运用全站仪，利用坐标法测设渠道转弯处圆曲线的方法。

三、实验内容

已知条件：某渠道交点 $JD2$ 里程为 K4＋968.43，右转角 $\alpha=34°12'00''$，曲线半径为 $R=200$m，$JD1$ 的坐标为（1922.761，1130.161），交点 $JD2$ 的坐标为（2877.138，2124.556）。用极坐标法计算放样数据并实地放样点位。

四、实验计划

实验学时为 4 学时，4 人一组，观测 1 人、记录 1 人、立尺 2 人，轮换操作。

五、实验仪器

每组全站仪 1 台，50m 尺 1 把，花杆 1 根，2 寸铁钉 1 根，铁锤 1 把，木桩及小铁钉个 10 根。

六、技术要求

（1）加密桩间距 20m。

（2）桩位定位误差不在超过±50mm。

（3）桩间距离测量精确到 0.01m。

七、注意事项

（1）坐标法测设曲线分独立直角坐标和联网直角坐标两种，施测时视现场的具体情况自选。

（2）测设前必须要先计算放样数据，然后实地测设点位。

（3）要掌握圆曲线的有关知识。

八、成果提交

（1）圆曲线要素计算表、计算方位角和坐标法测设计算表各一份。

（2）实地测设的曲线一条。

九、思考题

（1）独立坐标和控制网坐标测设有什么区别？

（2）如何利用电子表格计算坐标法测设数据？

（3）如何在设计图上提取交点已知数据？

圆曲线要素计算表

已知条件	JD12 桩号里程	半径	转角 α	34°12′00″
	4968.43	200		
元素计算	切线长 T	曲线长 L	外矢距 E	切曲差
主点里程	ZY	QZ	YZ	

计算方位角

起止交点号	已知起点坐标		已知终点坐标		坐标差		角度
	x_1	y_1	x_2	y_2	ΔX	ΔY	
α_{1-2}							
α_{2-1}							

坐标法测设计算表（细部放样）

桩号	弧长	半径	独立坐标		联网坐标		备注
			x	y	x	y	
							ZY
							QZ
							YZ

实训十七

点的高程测设

一、知识链接

高程放样方法主要分为几何水准测量法和三角高程测量法。当测设的高程点精度要求较高或测设点与已知点的高差不大时，宜用几何水准测量法。当测设高程要求精度一般或测设点与已知点的高差较大时宜用三角高程测量法。

1. 几何水准测量法直接测设高程点

（1）基本原理。如图 17－1 所示，设控制点 A 的高程为 H_A，待测设点 P 的设计高程为 H_P，在合适位置安置仪器，测得 A 点水准尺上的读数为 a，则在 P 点处水准尺的测设读数应为

$$b=(H_A+a)-H_B$$

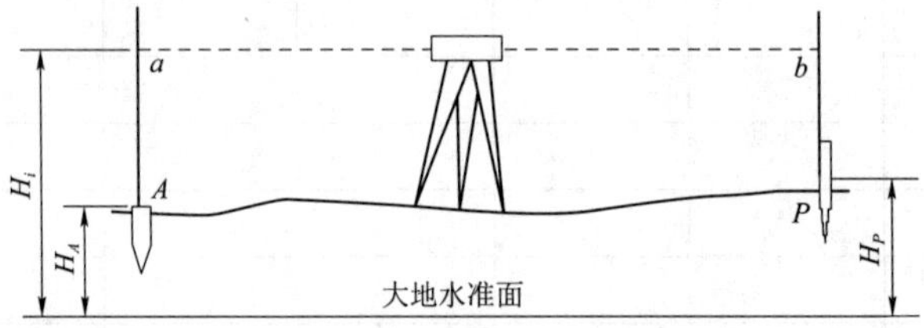

图 17－1　水准测量法高程放样

（2）测设步骤。

1）在合适位置安置仪器，于 A 点立水准尺，读取后视读数 a。

2）按（17－1）式计算测设读数 b。

3）将水准尺紧靠在 P 点的木桩上，上下移动尺子，使水准尺的读数变为前视读数 b 时（注意符号），在水准尺底端的位置处划线即为点 P 的测设高程位置，并用铁钉标记。

2. 几何水准测量法间接测设高程

（1）基本原理。如图 17－2 所示，设控制点 A 的高程为 H_A，P 点的设计高程为 H_P，因高差 h_{AP} 较大，需要用垂吊钢尺的方法间接测设 P 点。

在地面 1 处置仪，在 A 处尺及钢尺上读数分别为 a、m；在基坑内 2 处置仪，在钢尺上读数为 n；计算测设元素 b 为

$$b=a-(m-n)+(H_A-H_P)$$

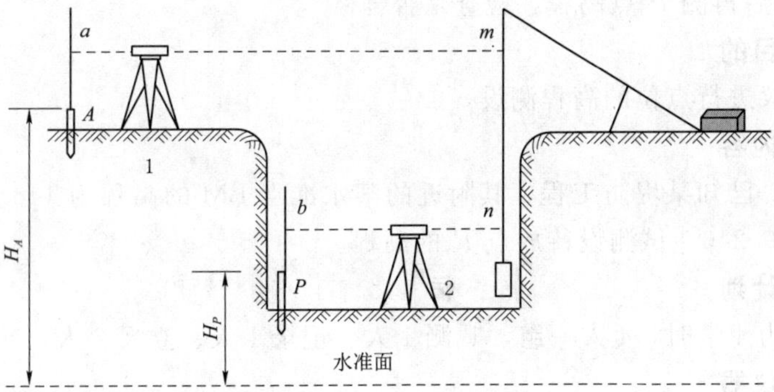

图 17-2 高程的传递

然后上下移动水准尺，当读数恰为 b 时，则尺零端的位置即为测设位置。

(2) 测设步骤。

1) 垂吊钢尺（最好为标准拉力，否则，视情况加改正），并使之稳定。

2) 在合适位置 1、2 处分别置仪，并在 A 尺、钢尺上分别读数 a、m、n。

3) 计算测设读数 b。

4) 在拟定测设的位置处上下移动水准尺，当读数恰为 b 时（注意符号），则尺的零端点位置即为测设位置，并予标记该位置。

3. 三角高程法测设高程

(1) 基本原理。如图 17-3 所示，设待测设点 P 的高程为 H_P，已知点 A 的高程为 H_A。依据测定 A 至 P 的水平距离 S、竖直角 α、量取的仪器高 i 及觇标高 v，计算 P' 点的高程。

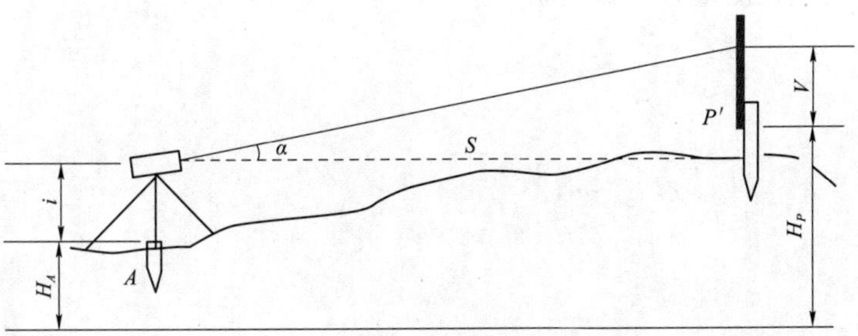

图 17-3 三角高程法测设高程

$$H'_P = S\tan\alpha + i - v + H_A$$

将计算的 P' 点高程与 P 点的设计高程比较，求其差值 h，再从 P' 点量 h 值来确定 P 点。

(2) 测设步骤。

1) 在点 A 安置经纬仪，测定 A 点至 P 点的水平距离 S 及竖直角 α。

2) 量取仪器高 i 及觇标高 v（测前和测后应分别量取 2～3 次，取均值为量测。

3) 计算 P' 点的高程 H'_P，并计算该高程与设计高程的差 h。

4) 从 P' 点起量 h 确定 P 点位置。

5）测设完后再测 P 点高程，检查是否合格。

二、实验目的

掌握水准仪进行点位的高程测设。

三、实验内容

已知条件：已知某堤防工程，其附近的某水准点 BM 的高程为 148.265m，待放点 P 的高程为 149.240，试测设待放点 P 的高程。

四、实验计划

实验学时为 4 学时，4 人一组，观测 1 人、记录 1 人、立尺 2 人，轮换操作。

五、实验仪器

每组水准仪 1 台，塔尺 1 把，2 寸铁钉 1 根，铁锤 1 把，木桩 1 根（注：也可选择地物如电杆、树木等当做木桩来进行练习）。

六、技术要求

测设点位误差±2mm。

七、注意事项

（1）已知点和待放点要通视。

（2）测设前在现场计算有关数据，然后实地测设点位。

（3）要掌握视线高法测量的有关知识。

八、成果提交

（1）点位放样计算数据表一份。

（2）实地测设的点位标记图片一张。

九、思考题

点位放样于点位测量有什么关联？

实训十八

坡度放样

一、知识链接

测设坡度的方法有水准仪法、经纬仪高法等。

1. 水准法

如图 18-1 所示，设坡度线起点为 E，设计坡度为 $i\%$，每 ΔSm 测设一个坡度点 j，则各点相对于 E 点的高差为 $S_j \times i\%$。在合适位置处安置水准仪，并在 E 点水准尺上读数，设为 a，则在 j 点水准尺上的测设读数 b_j 为

$$H_E + a = H_j + b_j$$

$$b_j = a + (H_E - H_j) = a - h_{Ej} = a - S_J \times i\%$$

式中：S_j 为 j 点至 E 点的水平距离。当测设读数 $b_j < 0$ 时，说明视线低于坡度线，通常水准尺（或手钢尺等）要倒立测设。则尺零端点的位置即为测设位置，并予标记该位置。

测设完后检查各点是否共线（抽查点或挂线）。

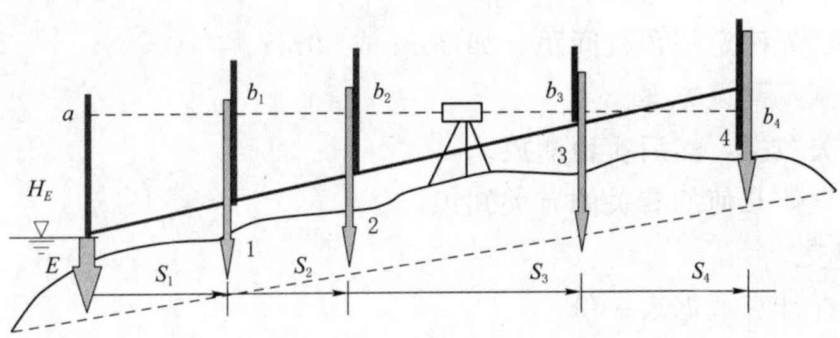

图 18-1　水准法坡度放样

2. 经纬仪仪高法

放样方法：根据设计坡度，反算出竖直角 α，拨出倾斜视线，量出视线高 i，当视线在水准尺上的读数为 i 时，直线 ABC 就是所求的坡度线。依次在对应的尺底划线标记即可。

二、实验目的

掌握经纬仪和水准仪联合进行坡度放样。经纬仪坡度放样如图 18-2 所示。

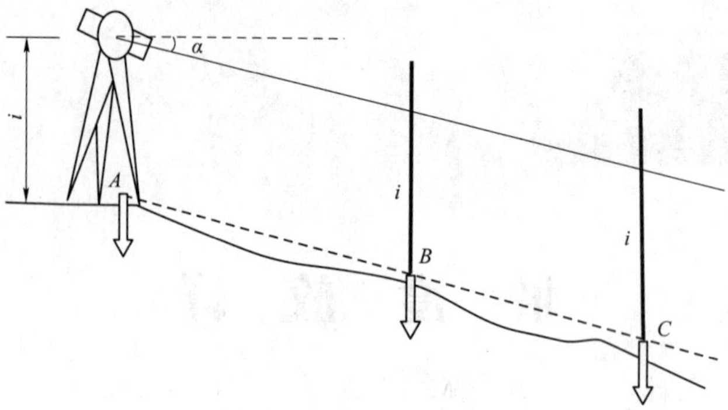

图 18-2　经纬仪坡度放样

三、实验内容

已知条件：已完成土方填筑的水库工程，其迎水面的设计坡度为 1∶2.5，坝顶高程为 156.525m，现在需要进行水库坝体的整形修坡，试进行修坡桩的定位即坡度放样。

四、实验计划

实验学时为 4 学时，4 人一组，观测 1 人、记录 1 人、立尺 2 人，轮换操作。

五、实验仪器

每组经纬仪和水准仪各 1 台，塔尺 1 把，50m 钢卷尺 1 把，木桩（或竹竿 2 根），铁锤 1 把，尼龙绳 20m，红色记号笔 1 只，钢锯条 1 只。

六、技术要求

测设点位误差±2mm。

七、注意事项

（1）已知点和待放点要通视。

（2）测设前，先确定坝顶桩间距（如 20m 或 50m）。

（3）要事先制定测设方案。

（4）计算有关数据，然后实地测放。

（5）要掌握立体几何的有关的有关知识。

八、成果提交

（1）点位放样计算数据表一份。

（2）测设方案 1 份。

（3）实地测设立体放样草图一张。

九、思考题

（1）放样前点的定位和高程测设有什么关联？

（2）利用全站仪测设坡度应当怎样操作？

参 考 文 献

［1］ GB 50026—2020 工程测量标准［S］

［2］ 王朝林，张仁．水利工程测量实训［M］．北京：中国水利水电出版社，2017．

［3］ 王欣龙．测量放线工［M］．北京：化学工业出版社，2014．

［4］ 张仁．工程测量［M］．北京：中国水利水电出版社，2014．

［5］ 张仁，王洪利．测量工、钢筋工、模板工实训指导书［M］．北京：中国水利水电出版社，2014．

［6］ DL/T 5173—2012 水利水电工程施工测量规范［S］

［7］ SL 52—2015 水利水电工程施工测量规范［S］